U0337828

中国博士后科学基金面上项目(2020M681974)
安徽省高等学校自然科学研究重点项目(KJ2020A0297)
安徽理工大学校级重点项目(QN2019115)

高地温主动隔热巷道温度场演化规律及应用研究

姚韦靖　著

中国矿业大学出版社

·徐州·

内 容 提 要

本书围绕矿山地热与热害防治,提出了高地温主动隔热控制矿井热环境的热害防治思路;以淮南矿区为例,深入调研了典型热害矿井朱集东煤矿、丁集煤矿地热地质特征及其地温场影响因素;建立了隔热喷层,隔热喷注构建阻热圈的主动隔热模型,揭示了主动隔热巷道温度场分布特征及其演化规律;提出了采用轻集料混凝土构建主动隔热喷层,研制出适宜井下喷射的新型隔热混凝土材料;依托典型高温巷道工程,完成了主动隔热喷层支护技术的工程应用与效果评价。研究内容可为矿井热环境治理提供指导。

本书可供岩土工程、地下结构、采矿工程、地质工程、矿山安全及工程热物理领域的研究生和科技工作者参考使用。

图书在版编目(CIP)数据

高地温主动隔热巷道温度场演化规律及应用研究/
姚韦靖著.—徐州:中国矿业大学出版社,2022.6
ISBN 978 - 7 - 5646 - 5449 - 8

Ⅰ.①高… Ⅱ.①姚… Ⅲ.①高温－地层温度－巷道
－温度场－演化－研究 Ⅳ.①TD263

中国版本图书馆 CIP 数据核字(2022)第 113804 号

书　　名	高地温主动隔热巷道温度场演化规律及应用研究
	GaoDiwen Zhudong Gere Hangdao Wenduchang Yanhua Guilü Ji Yingyong Yanjiu
著　　者	姚韦靖
责任编辑	杨　洋
出版发行	中国矿业大学出版社有限责任公司
	(江苏省徐州市解放南路　邮编 221008)
营销热线	(0516)83884103　83885105
出版服务	(0516)83995789　83884920
网　　址	http://www.cumtp.com　**E-mail**:cumtpvip@cumtp.com
印　　刷	徐州中矿大印发科技有限公司
开　　本	787 mm×1092 mm　1/16　**印张** 12.5　**字数** 310 千字
版次印次	2022 年 6 月第 1 版　2022 年 6 月第 1 次印刷
定　　价	48.00 元

(图书出现印装质量问题,本社负责调换)

前　言

　　地下工程深部开采常态化,高地温制约进一步开掘。本研究调研了淮南矿区地温分布特征,以典型热害矿井朱集东矿、丁集矿为例分析地温场影响因素,提出主动隔热降温思路,采用有限元数值模拟方法讨论主动隔热巷道温度场分布规律,借鉴地面保温材料,选用轻集料混凝土构建主动隔热喷层,研制适宜井下喷射的新型隔热混凝土材料,并提出矿山隔热三维钢筋混凝土衬砌构想,以典型高温巷道为工程背景,完成主动隔热喷层支护技术工程应用与效果评价。主要研究内容和成果如下:

　　(1)系统分析朱集东矿、丁集矿钻孔测温数据。朱集东矿地温数据表明:地温随着深度增加线性递增,地温梯度介于 $1.7\sim3.6$ ℃/hm,平均值为 2.60 ℃/hm,原岩温度为 31 ℃一级热害区平均深度为 -552.01 m,37 ℃二级热害区平均深度为 -741.01 m。现今主要工作水平 -906 m 和 -965 m 大部分达到一级热害区,部分处于二级热害区。丁集矿地温数据表明:地温随着深度增加线性递增,地温梯度介于 $1.95\sim3.58$ ℃/hm,平均值为 2.80 ℃/hm,原岩温度为 31 ℃一级热害区平均深度为 -471.24 m,37 ℃二级热害区平均深度为 -660.39 m,主要工作水平超过 -900 m,面临严重高温热害问题。

　　(2)以巷道围岩温度为研究对象,分析巷道围岩热传导模型,通过建立主动隔热层的方式改变换热系数,减少围岩放热量。提出采用轻集料混凝土喷层构建主动隔热层,从混凝土导热模型出发,理论上证实轻集料掺入混凝土对隔热能力的改善。分隔热喷层,隔热喷浆、注浆层两种主动隔热方案,总结其工作模式,并分类计算了主动隔热模型支护体系强度。

　　(3)选用 ANSYS 有限元软件分析以隔热喷层构建的主动隔热巷道温度场分布规律,讨论隔热混凝土喷层导热系数、厚度、围岩导热系数、赋存温度对巷道温度场的影响,研究结果表明:围岩本身热物理属性决定了巷道围岩温度场分布,岩温是最敏感的因素;采用低导热系数喷层和增加喷层厚度的措施可阻隔热量、减少风流对围岩温度场的影响,但是随着时间增加而减弱,喷层导热系数较厚度敏感度高。故采用低导热系数喷层对井巷热环境控制具有积极意义。

　　(4)选用 ANSYS 有限元软件分析以隔热喷浆、注浆构建的主动隔热巷道的温度场分布规律,讨论隔热注浆层导热系数、范围、隔热混凝土喷层导热系数、厚度对巷道温度场的影响。研究结果表明:施作隔热注浆层、隔热喷层构建阻热圈可阻隔风流对围岩温度场的扰动;隔热喷注材料导热系数是影响巷道温度场分布的主要因素,而注浆层范围、喷层厚度是次要因素,且隔热喷层在通风前期对壁面温度降低有利,随着时间增加,岩层径向深度增大,注浆层热物理参数逐渐占据主导地位。故考虑以隔热喷注构建阻热圈对井巷热环境控制具有积极意义。

（5）微观分析了轻集料与水泥基体形成的界面嵌固区，发现破坏往往是轻集料本身强度低所导致的，克服了普通混凝土界面区域薄弱的劣势。针对隔热混凝土喷层，采用正交试验方法研制了陶粒隔热混凝土和陶粒玻化微珠隔热混凝土。对于陶粒混凝土，讨论了不同陶粒级配和陶粒、粉煤灰、砂子用量对材料性能的影响；对于陶粒玻化微珠混凝土，讨论了不同陶粒、玻化微珠、粉煤灰和砂子用量对材料性能的影响。性能测试包括表观密度、导热系数、抗压强度、抗拉强度、抗折强度。通过极差分析得到各因素对各性能的影响大小顺序，通过层次分析得到各因素水平对各性能的影响权重，通过功效系数分析得出综合性能最优配合比。

（6）掺入玄武岩纤维和秸秆纤维制备玄武岩纤维/秸秆纤维隔热混凝土，采用正交试验方法讨论陶粒、陶砂、玄武岩纤维、秸秆纤维用量对材料性能的影响。性能测试包括导热系数、抗压强度、抗拉强度、抗剪强度。通过极差和方差分析得到各因素对各性能的影响大小顺序。通过层次分析得到各因素水平对各性能的影响权重。通过灰色关联分析得到综合性能最优配合比，通过微观分析揭示纤维在水泥基体中的二级加强效果。

（7）结合半刚性网壳锚喷支护结构和隔热混凝土喷层材料，提出一种能够主动隔绝深部岩温的新型功能性支护结构和方法：矿山隔热三维钢筋混凝土衬砌，利用网壳支护结构的强支护能力，保证巷道长期稳定；利用隔热混凝土的主动隔热效果，阻断围岩内部热量向巷道传播，起到主动隔热降温作用。以朱集东矿东翼 8 煤顶板回风大巷为工程背景，进行约 100 m 的隔热喷层工业应用，以丁集矿西三集中带式输送机大巷为工程背景，进行了约 300 m 的玄武岩纤维/秸秆纤维隔热喷层工业试验。研究结果表明：井下高温热害问题严重，掘进工作面温度长期保持在 27 ℃以上，壁面温度超过 27.5 ℃，相对湿度维持在 70%以上，采用隔热混凝土喷层后壁面温度有所下降。现场取样测试结果表明隔热喷层导热系数显著降低。该项技术是一项节能减排的有力措施，为矿井热环境治理提供了新思路。

本书研究内容是依托安徽理工大学科研平台完成的，得到了中国博士后科学基金面上项目（2020M681974）、安徽省高等学校自然科学研究重点项目（KJ2020A0297）、安徽理工大学校级重点项目（QN2019115）的资助。

作　者

2021 年 12 月

目　　录

1 绪 论

1.1 研究背景及意义

我国"富煤、贫油、少气"的能源结构在相当长时期内不会改变,煤炭为我国主体能源。据预测:至 2030 年和 2050 年,我国煤炭需求量分别为 45 亿 t 和 51、38 亿 t[1]。随着浅部资源日益枯竭和能源需求量逐步增大,深部开采常态化。谢和平曾指出高地应力、高地温、高渗透压是今后影响深部开采的主要瓶颈[2]。

目前国外矿产主产国的开采深度分别为:波兰 1 200 m、德国 1 400 m、俄罗斯 1 550 m、印度 2 400 m、南非 3 800 m[3],如图 1-1(a)所示。而我国大部分矿井正处于由浅到深的过渡阶段,地温升高、地应力增大、涌水量增大等使工作环境愈加恶劣。据统计,我国垂直深度在 2 000 m 以深的煤炭资源总量为 5.57 万亿 t,而埋深在 1 000 m 以深的资源量为 2.64 万亿 t,占总量的 47.4%[4]。新汶、徐州、淮南、淄博、开滦、济宁、巨野、平顶山等矿区的开采深度已接近或超过 1 000 m。如新汶孙村矿已达 1 300 m、华丰矿达 1 200 m,沈阳彩屯矿、开滦赵各庄矿、徐州庞庄矿等均已达到 1 000 m;淄博矿业集团唐口矿,国投新集口孜东矿,峰峰集团磁西矿、万东矿和史村矿,淮南矿业集团朱集东矿已达到或接近 1 000 m,并以 8～12 m/a 的速度向下开掘;东部矿井更是以 20～25 m/a 的速度向下开掘,进入 1 000～1 500 m 的开采深度,其采深发展示意图如图 1-1(b)所示[5]。

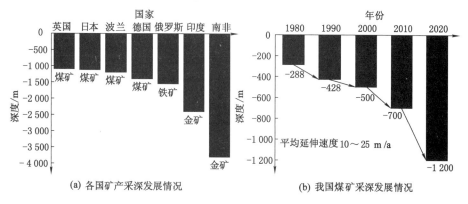

(a) 各国矿产采深发展情况　　　　(b) 我国煤矿采深发展情况

图 1-1 各国矿产采深及我国煤矿采深发展柱状图[3-5]

随着开采深度增大,高温热害愈加明显和突出,工人身心健康和工作效率备受关注,因而产生矿井热环境控制这一课题。高温热害已成为继顶板、瓦斯、火灾、粉尘及水害之后的又一大灾害,成为矿业、岩土、建筑环境等学科交叉的重要研究课题[6-7]。

对于矿井热害治理,应首先查明矿井高温高湿的原因,可用图 1-2 表示。根据热源制定相应控制措施,其主要途径有三种:① 排热,一般为改变巷道开拓部署、通风降温、优化通风路径等;② 隔热,即减少地层热量向巷道内传递,最为直接有效的方法是隔绝热源;③ 降温,即采用人工引入冷介质的措施,如人工制冰、制冷水、矿井空调等。一般称前两种为非机械制冷方法,属于主动降温措施,第三种为机械制冷方法,属于被动降温措施,可用图 1-3 表示。

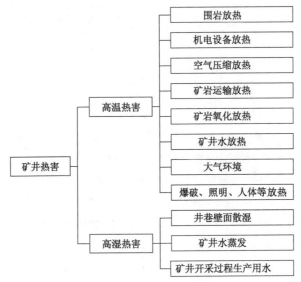

图 1-2　矿井热害产生的主要原因

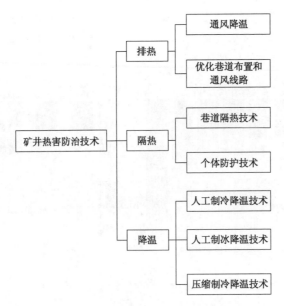

图 1-3　矿井热害主要控制措施

从发展趋势来看,机械制冷将会是深部、超深部高温热害的主要防治措施。当前我国正处于由浅到深的过渡阶段,热害防治的思路是:中浅部高温矿井优先发展非机械制冷技术,深部高温矿井以机械制冷为主,辅以非机械制冷的综合防治技术[8]。矿井热害治理的根本是保证热排放量大于生热量,为此控制热量来源和加大热排放量是两大途径,而机械制冷虽然效果明显,但是有其缺点:(1)与世界深部矿产主要开采国相比(图1-1),我国目前处于由浅到深的过渡阶段,地温热害尚未成为煤炭开采的主要障碍;(2)限于经济水平、生产管理、人员素质、开采情况等条件,机械制冷设备普及率和效果并不理想。另外,制冷设备依赖进口较多,价格昂贵且能耗巨大,运营维护成本较高。

为此,国内外相关学者提出在高地温岩层巷道中施以隔热喷层,以隔绝地热向巷道内传递,是以"防"为主的主动降温方法,其基本思路是采用隔热材料覆盖巷道围岩,构建隔热结构,阻碍矿山地热向巷道内传递,再辅以加强通风等措施及时带走热量,实现高地温巷道降温,是"防治结合、先防后治"的理想措施。

本书从主动隔热控制高地温巷道热环境的思路出发,揭示高地温巷道喷、注后形成的主动隔热结构温度场及其演化规律,开展适于井下喷浆、注浆的隔热材料室内与工业试验研究,创造性地提出矿山隔热三维钢筋混凝土衬砌结构,为深部煤炭开采、井下热环境改善、高温岩层隧道的支护设计提供借鉴。研究课题来源及基金支持包括:中国博士后科学基金面上项目(2020M681974)、安徽省高等学校自然科学研究重点项目(KJ2020A0297)、安徽理工大学校级重点项目(QN2019115)。

1.2 国内外研究现状

国外学者于20世纪40年代开始系统研究矿井热环境,如乌克兰阿·托尔斯泰院士、日本平松良雄博士、西德埃森采矿研究院福斯教授等,并逐步将基础理论研究应用于解决实际问题[9-11]。我国于1954年开始立项,对井田地温场与井巷围岩温度进行观测研究,70年代对全国矿山地热状况进行调查研究,先后出版了《矿山地热概论》(1981年)和《矿山地热与热害治理》(1991年)[12-13]。

本节从我国深井热害特点出发,对矿井热环境的理论研究、矿井热害防治措施以及本书所采用的轻集料混凝土作为隔热喷层材料的研究现状进行文献整理和综述,并针对存在问题和发展趋势展开工作。

1.2.1 我国深井热害特点

20世纪50年代之后开采深度相对较浅,热害不显著,随着浅部矿产资源逐渐枯竭,开采深度增加,原岩温度也不断提高,采掘与掘进工作面高温热害日益严重。至2000年,国有煤矿平均采深达650 m,原岩平均温度为35.9~36.8 ℃。近年来,许多矿井逐步进入深部开采阶段,主体开采深度已达800 m,且以8~12 m/a的速度向下开掘,绝大多数矿井进入一、二级热害区[14]。关于矿井热害、矿山地温情况、大地热流数据,相关学者在华东、华北、东北等老矿区做了大量研究和调研工作,如胡圣标等编制了中国大地热流图、地热系统类型图等,为矿山地热、热害治理甚至地热资源化利用提供了基础资料[15-16]。近年来,郭平业[17]研究了我国东部热害矿区的温度场特征。徐胜平[18]则以两淮煤田地温场分布特征为对象展开研究。表 1-1 为我国部分矿井热害情况[8,19-20]。对于本书研究的淮南矿区,以朱集东、丁集煤矿为工程应用矿井,在第 2 章中详细叙述其热害、热源等情况。

《煤矿安全规程》规定"采掘工作面空气温度不得超过 26 ℃,机电设备硐室的空气温度不得超过 30 ℃"。按采掘工作面风流温度划分为三个热害等级,一级、二级、三级热害温度分别为 28～30 ℃、30～32 ℃、≥32 ℃。按井田原始岩温划分为二级,一级为 31～37 ℃,高于或等于 37 ℃为二级。根据蓝航等[21]统计结果,我国深部矿井中一级热害矿井 34 个,占比为 24.64%;二级热害矿井 26 个,占比为 18.84%;三级热害矿井 9 个,占比为 6.52%;主要分布于安徽、江苏、山东、黑龙江、吉林、河南等省。

表 1-1　我国部分高温矿井热害情况

区域	矿井名称	水平标高/m	原岩温度/℃	工作面风温/℃	地温梯度/(℃/hm)	最高水温/℃
安徽	淮南潘一矿	−525	34.7～35.1	26.6～30.4	3.60～3.76	25.0
		−650	40.0	36.0	3.00	
	淮南潘二矿	−535	35.0	26.8～28.2	3.44～3.62	
	淮南潘三矿	−650	36.9～38.2	29.0～31.6	3.24～3.44	
		−810	43.0	40.0	3.42	
	淮南丁集矿	−750	37.5	—	2.88	
		−826	43.0	40.0	2.52～4.02	
	淮南顾桥矿	−600	33.5		2.95	
	淮南张集矿	−600	37.0		3.50	
	淮南谢桥矿	−610	38.4	27.0～34.0	3.70	
		−720	41.1	33.0	2.00～2.50	
	淮南桂集矿	−620	38.6	—	3.67	
	淮南新集一矿	−550	36.4	33.6	3.20	
	淮北涡北矿	−700	35.5	35.5	1.00～4.20	
	阜阳刘庄矿	−900	38.5	34.0	3.00	
江苏	徐州张双楼矿	−1 000	40.6	35.0	4.00	30.0
	徐州三河尖矿	−1 010	46.8	36.0	3.24	50.0
	徐州大屯矿	−1 015	40.4	37.0	2.36～2.42	26.0
	徐州旗山矿	−1 100	41.9	30.0	1.50～2.60	
	徐州夹河矿	−1 200	40.0	36.0	2.21	30.0
	徐州张小楼矿	−1 200	42.0	33.5	1.64	

表 1-1(续)

区域	矿井名称	水平标高/m	原岩温度/℃	工作面风温/℃	地温梯度/(℃/hm)	最高水温/℃
山东	新汶孙村矿	−800	42.0	39.5	2.20	45.0
		−1 300	45.0	—	2.70	
		−1 500	48.0	35.0	2.70	
	新汶协庄矿	−1 010	37.0	34.0	2.00	45.0
	新汶新巨龙矿	−900	44.7	39.0	3.23	47.0
	新汶华恒矿	−1 200	—	37.0	26.61	—
	兖州赵楼矿	−860	37.0~45.0	31.0~35.0	2.78	
	兖州东滩矿	−660	33.0	31.0	2.30	
	淄博唐口矿	−990	37.0	—	2.00	29.0
		−1 025	37.0	35.0	2.00	
	济宁三号井	−838	−35.5	−33.0	2.44~2.96	
	枣庄朝阳矿	−880	34.2	32.0	2.11	
	菏泽郭屯矿	−750	37.0~47.0	31.0~36.0	3.24	—
河南	平顶山四矿	−840	40.0	30.0	4.00	
	平顶山五矿	−650	50.0	31.0~35.0	3.70	
		−909	50.0	35.0	3.60	
	平顶山六矿	−830	45.0	—	3.20~4.40	62.0
		−900	41.0~53.0	35.0	4.10	
	平顶山八矿	−660	43.0	35.0	3.00	
	平顶山十矿	−960	39.0	32.0	4.00	
	平顶山十三矿	−750	40.0	31.0	4.50	
	新政赵家寨矿	−640	—	31.0	3.50	32.0
	义马跃进矿	−960	—	32.0	2.00	—
	许昌梁北矿	−680	37.0	30.0	2.87	42.0
	永城城郊矿	−750	39.0	33.0	2.62	35.0
河北	邯郸梧桐庄矿	−680	35.0	30.0	2.90	45.0
	邯郸磁西矿	−1 200	37.0	30.00	3.00	—
	开滦钱家营矿	−860	46.0	33.0	3.00~5.90	—
东北	北票台吉矿	−722	33.4	30.5	2.70	—
	抚顺老虎台矿	−715	42.0	33.0	3.60~4.30	48~51
	抚顺东风矿	−800	30.0	33.0	2.70~4.60	48~51
	鸡西东海矿	−1 100	39.0	34.0	3.70	
	沈阳红阳三矿	−1 100	50.0	—	—	
		−1 050	43.0	38.0	4.30	
	沈阳大强矿	−1 242	43.0	41.0	3.42	—

表 1-1(续)

区域	矿井名称	水平标高/m	原岩温度/℃	工作面风温/℃	地温梯度/(℃/hm)	最高水温/℃
宁夏	宁东羊场湾矿	−1 100	37.0	32.0	3.36	—
	灵武梅花井矿	−450	38.0	33.0	3.12	—
贵州	遵义东山矿	−975	35.0	29.5	3.50	—
湖南	郴州周源山矿	−1 000	42.7	33.0	4.20	—

1.2.2 矿井热环境研究现状

1.2.2.1 理论分析研究

矿井巷道深埋于地下,理论分析涉及传热学、工程热力学、建筑环境、通风学等学科,通常研究在通风设备作用下空气不断流进和流出巷道并发生热湿交换的过程。理论研究主要在于建立矿井巷道导热数学模型,确定初始条件和边界条件,求出导热微分方程的解析解,从而分析巷道围岩的温度分布。

1923 年德国学者海斯·德雷科柏特解析了围岩内部温度周期变化,提出调热圈概念,是研究矿井热环境的最初理论。之后,南非、德国、英国、日本等国家的学者做了大量研究工作,提出风温计算的基本思路、围岩调热圈温度场理论解及不稳定换热系数计算方法。例如:苏联学者舍尔巴尼提出用不稳定换热系数来表示巷道围岩深部未冷却岩体与空气之间温差为 1 ℃时,每小时从 1 m² 巷道内壁面向空气放出或吸收的热量,并给出了不稳定换热系数的解析式;日本学者平松良雄早在 1961 年就提出了与非稳态传热系数相关的间接式[13]。

国内学者岑衍强等[22]推导出巷道围岩非稳态热传导的解析式,并通过简化分析获得非稳态传热系数的变化规律;孙培德[23]采用拉普拉斯变换推导出了不稳定换热系数表达式及其近似解;余恒昌[13]把矿井巷道看作一个无限大空心圆柱体,不考虑巷道轴线温度梯度,在第三类边界条件下建立围岩导热微分方程。

杨胜强[24]认为高温、高湿矿井中风流热膨胀加速存在热阻力,并引入热阻力系数,构成适合于高温、高湿矿井中风流运动的基本理论方程组。

周西华等[25]根据能量守恒原理,推导出了描述巷道和回采工作面的风流紊流流动和温度分布的微分方程,并通过对矿井内风流与巷道壁换热过程的理论分析,得出了围岩与风流的不稳定对流换热系数的解析式和理论解。

秦跃平等[26]根据回采工作面移动边界特点,建立动坐标系下围岩导热微分方程,并研究了该方程的无因次形式,将求解巷道壁面温度或围岩散热量的问题归结为求解不稳定换热系数;根据巷道围岩散热特点,建立非稳态围岩导热微分方程,运用有限体积法对方程进行处理,用于计算一定长度的巷道围岩散热量,并对其精度进行评价[27]。

刘何清等[28]以湿壁巷道与风流间对流换热为研究对象,通过引入刘易斯关系,将水蒸气分压力和水汽化潜热用温度的线性关系式表示,引入潜热比系数和巷道表面湿度系数,并合理简化处理,从理论上得出计算湿润巷道与风流间潜热交换量及湿交换量的简化计算式。

王义江[29]通过微观试验发现巷道周围的破碎岩体符合分形模型,采用分离变量法求解进风流参数恒定条件下巷道围岩体非稳态热传导方程,获得温度场理论解的显式形式。

胡汉华[30]以金属矿山中热害最为严重的掘进工作面为研究对象,根据能量守恒原理对掘进工作面的热平衡进行分析,建立热平衡方程,同时计算掘进工作面的排热费用,并对排热方案进行优化以求通风成本最低。

陈宜华[31]以金属矿山为工程背景,系统分析深井热害各方面热源的放热量,并建立矿井各部位的热交换方程,包括风流通过巷道(通过时间小于 1 a 和大于 1 a)、风流通过井筒以及风流通过回采工作面。

姬建虎等[32]以矿井风流为研究对象,理论推导出了 5 种情况下矿井冷负荷的表达式、井下湿空气焓变的表达式和围岩散热的计算式。

1.2.2.2 现场实测研究

许多学者与工程技术人员致力于矿山地温数据的测试与统计,编制了大地热流图[15-18],为矿山地热、热害治理甚至地热资源化利用提供了基础资料。

但是井巷开掘后围岩温度的现场实测的相关文献较少。一般巷道开挖以后,从巷道壁向围岩深处打钻孔,利用测温仪器测量围岩温度的方法称为巷道地温实测法[33]。笔者曾经在淮南矿业集团朱集东煤矿进行了井下地温的实测工作。地温的测量方法是在岩巷爆破钻孔打好后约 10 min,使用红外测温仪对孔底进行测温。还曾尝试使用热电偶测试巷道围岩温度变化规律:首先选取合适的巷道围岩,对岩壁打眼钻孔,孔径为 10~20 mm,选取合适直径的锚杆或锚索,将 K 型热电偶的电偶自由端安装于锚杆或锚索上,并通过补偿导线引出围岩,通过插头与测量记录仪连接,最后采用锚固剂封堵钻孔,防止围岩温度测试受巷道风流温度的影响。该方法可有效实现对隧道、巷道岩层温度的测试,不受测点、深度限制,一次性完成多点安装,且拆卸更换热电偶方便,便于长期观测记录[34]。

1.2.2.3 模型试验研究

相似理论指导下的模型试验是传热学研究的一个重要且可靠手段,能够模拟现场环境,综合多种试验条件,有目的地安排试验。但利用模型试验来研究高地温巷道围岩温度场的实例并不多见。查阅到的文献资料有中国矿业大学周国庆课题组研制的"矿井巷道围岩传热模拟试验装置"[35];中国矿业大学万志军课题组研制的"高地温巷道热环境相似模拟试验系统"[36];天津大学朱能课题组研制的"矿井巷道与风流热湿交换试验台"[37-38];中国矿业大学(北京)秦跃平设计的围岩温度场相似模拟试验平台[39];重庆大学姬建虎等[40-41]采用室内相似模拟试验模拟风流进入巷道和掘进工作面的换热情况,并与 ANSYS 数值模拟结果对比。

如图 1-4 所示,上述模型试验设备通常采用相似材料模拟巷道围岩,采用温度控制系统、通风系统等模拟巷道的热湿环境,通过热电偶、温湿度传感器采集巷道围岩的热湿数据,模拟巷道的直径在 100 mm(围岩温度场相似模拟试验平台)至 800 mm(高地温巷道热环境相似模拟试验系统)之间,取得了很多有益、可靠的结果。但是试验过程、边界条件复杂等致使试验结果有误差较大和温度调节较慢等缺点,有待进一步完善。

1.2.2.4 数值计算研究

影响围岩温度场的因素有很多,在井下进行实测并不现实,模型试验难免会受试验仪器

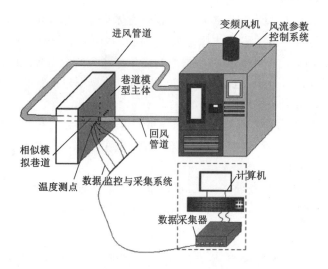

图 1-4　围岩温度场相似模拟试验系统[39]

精度、成本、时间等制约,如果巷道的几何形状和边界条件比较复杂,求温度场的解析解是不容易的。而数值计算具有精度高、成本低、可重复性好的优势,因此很多学者用以模拟分析井下围岩温度场分布,并与理论解、试验结果相互验证。

张树光等[42-43]建立了矿井巷道温度场的数学模型,探究温度场对埋深、风速的敏感性;基于热力学理论建立气流与围岩热交换的数学模型,并采用 MATLAB 对数学模型进行求解,获得风流和渗流耦合作用下围岩的温度场和温度矢量分布,同时与试验结果进行对比。

高建良等[44-45]采用数值流体力学理论模拟压入式局部通风工作面的热湿交换过程,求得描述局部通风工作面紊流换热过程支配方程的数值解,揭示工作面的温、湿度分布规律;将饱和空气含湿量与温度的关系拟合为二次曲线,以计算巷道壁面水分蒸发量,编制相应计算机程序,得出潮湿巷道中风流温度和湿度的变化规律。

吴强等[46]根据掘进工作面温度场的特点,建立了移动柱坐标系下的导热微分方程,并据此编制了计算机程序以分析工作面的温度场及其散热规律。

袁梅等[47]利用可视化程序 Visual Basic,开发设计了矿井空气热力状态参数的预测系统。

孙培德[48]根据地温场温度分布数学模型,采用数值模拟方法模拟分析巷道围岩温度及其散热的特点和规律,解释地温场内温度分布与地热学参数、时间、空间之间的本质关系。

张源[8]在建立一维导热数学模型基础上,采取有限差分法,利用 FORTRAN 语言编制了计算机程序,对高地温巷道围岩温度场进行计算,分析温度场的一般规律,同时尝试性提出阻热圈结构,建立其数学模型,采用数值计算方法对其有效性和可行性进行验证。

姬建虎等[40]根据高温矿井掘进工作面的通风和换热特点,在不同风流雷诺数、风筒直径和出口距工作面距离的组合条件下,采用 ANSYS 软件对特定巷道的换热情况进行模拟分析。

笔者基于自主研制的隔热混凝土喷层材料,以朱集东煤矿为原型,借助 ANSYS 有限元软件分析主动隔热巷道温度场分布规律,讨论隔热混凝土喷层导热系数、厚度、围岩导热系数、赋存温度对巷道温度场的影响程度及敏感性[49];进一步构建考虑喷注隔热的主动隔热巷道,讨论隔热喷层、注浆层热物性参数对巷道温度场的影响及敏感性[50]。

1.2.3 矿井热害控制措施研究现状

矿井热害控制措施大体上可以分为非机械制冷措施和机械制冷措施。

非机械制冷措施主要包括:

(1)优化巷道布置和通风线路:在布置巷道时尽量缩短进风线路,同时将进风巷道布置于低温岩层以避开局部高温岩层,利于散热。据孙村煤矿现场测试,经过低温岩层预冷后风流温度较正常竖井进风风流温度约低 4.5 ℃。

(2)通风降温:是应用最为广泛的降温措施,理论和实践皆表明适当增大通风量能够达到降温或使人体感到舒适的效果,但过度增大通风量,风速超过 1.5～2.0 m/s 时,也会引起扬尘,且通风量达到一定程度后对温度的影响既不明显,也不经济。相关实践表明:最优通风量为巷道空间体积的 0.56～0.84 倍,风速以 1.0～1.5 m/s 为佳。此外,采用下行风、防止漏风、减小风阻、预冷进风流、避开局部热源等,也是提高通风降温效果的好方法。

(3)隔绝热源:将隔热材料覆盖于围岩表面以阻止围岩热量向巷道内部扩散,是一种提高矿井降温效率和降低设备制冷能耗的重要辅助措施。其研究热点是隔热材料的开发。

苏联学者在高地温巷道中做过锅炉渣混凝土喷层隔热试验;南非、苏联等国家还使用聚氨基甲酸酯材料进行巷道隔热方面的研究;其他国家学者还对高炉渣、膨胀珍珠岩保温砂浆、聚乙烯泡沫等材料做过试验,获得了不错的隔热效果。

国内,郭文兵等[51],姚嵘等[52]用水泥、硅石灰、珍珠岩、粉煤灰等材料,辅以多种外加剂,研制出导热系数仅为 0.17 W/(m·K)的煤矿巷道隔热材料;李国富等[53-54]研发出玻化微珠基材的巷道"注浆"和"喷浆"新型隔热材料,应用于高温巷道隔热结构,并研究了围岩热量向巷道释放的模式及调热圈变化,最后进行工业性试验;李春阳[37]研发了聚氨酯隔热防水材料,其填涂在巷道内壁后可以降低热辐射且能减少风流与巷道之间的潜热交换量,降低相对湿度;张源[8]提出将巷道喷、注隔热材料有机结合,使喷注的隔热材料与巷道围岩松动圈破碎岩体形成隔热结构,起到阻止围岩放热和裂隙热水流动的作用,并根据该思路进行了室内试验和数值计算。

(4)个体防护技术:井下某些气候条件恶劣的地方,限于技术和经济,不能采取风流降温等措施,故研制冷却服以实行个体防护。根据冷却范围可分为全身性和局部性两种,根据冷却介质不同又分为气体、液体和相变三类。该技术主要优点是成本低,较其他制冷方式约低 80%。

机械制冷措施主要包括:

(1)机械制冰降温技术:利用冰溶解来制取冷却水,再用管道将冷却水送到井下各需冷却的工作面,包括制冰、运冰、融冰和排热四个部分。在需冷量很大且开采深度很深的情况下,具有需水量少、冷却水温低、换热效率高等优点。但是该技术在我国应用较少,因为我国的矿井正处于向深部开采的过渡阶段,大部分矿井未超过 1 000 m,南非应用此项技术较多。

(2)机械制冷水降温技术:该技术在安徽、河南、山东等热害较为严重的矿区使用较多,已成为矿井降温的主要措施。其主要由制冷机、空冷器、冷媒管道、高低压换热器(制冷站设在地面)、水泵和冷却塔组成,包括制冷、输冷、散冷、排热四大系统。根据制冷站安装位置和载冷剂循环特点又可将其细分为四类:地面集中式、井下集中式、井上井下联合集中式、井下局部分布式。我国在 2000 年以前以井下局部分布为主,集中降温尚处于探索阶段,之后地面集中、井下集中采用比例逐渐上升,目前保持地面集中、井下集中和井下局部并存的格局。

(3) 空气压缩制冷降温技术:空气由压缩机压缩,经过冷却器冷却,再由减压机减压膨胀后通过管道输送到采掘工作面,通过引射器均匀喷向工作面,吸收工作面风流热量,达到降温目的。但是制冷设备较为庞大,投资和运行费用较高,压缩空气的吸热量相对有限,难以保证制冷量,因此应用较少。

此外,相关学者也尝试采用新型降温技术,具有代表性的有:在淮南潘一矿区应用的热、电、冷三联产技术,最低余热利用温度达 80 ℃[55];在徐州夹河煤矿成功应用的 HEMS 降温系统,工作面温度降低 4～6 ℃,最高温度控制在 28～29 ℃,相对湿度降低 5%～10%[56-57],但是该系统有一定的局限性——要求井下有一定的涌水量;轻便空调室技术[58],利用热幛将作业者与环境隔离,再用一种水轮机式空气冷却器向移动空调室内供冷,可保持空调室内温度在 28 ℃以下;还有地热发电技术、分离式热管降温技术[59]以及空气透平膨胀制冷系统[60]等。随着对能源的合理利用和环境要求的提高,大量现代降温技术应运而生。

目前各矿井主要采用通风或矿井空调等被动措施降温,主动隔热降温技术的应用往往作为辅助手段。学者们也相继提出在高地温岩层巷道中施以隔热喷层材料,再辅以加强通风等措施及时带走热量,实现高地温巷道降温。例如:太原理工大学李珠、李国富[53]提出的主动降温技术;中国矿业大学张源[8]对巷道隔热降温机理的理论研究;王义江[29]对围岩与风流的传热传质研究;河南理工大学姚嵘等[51]、郭文兵等[52]采用隔热混凝土材料进行的探索应用。本书采用地面常用的轻集料保温混凝土材料构建巷道隔热层,探索其在井巷喷射混凝土中的适用性。

1.2.4 轻集料混凝土研究现状

1.2.4.1 轻集料混凝土特性

本书采用隔热喷层材料——轻集料混凝土构建矿井主动隔热支护结构。笔者整理了国内外关于轻集料混凝土的研究现状。

轻集料混凝土(lightweight aggregate concrete,简称 LWAC 或 LC)是指用轻粗集料、轻砂(或普通砂)、水泥、水、外加剂配制的干表观密度不大于 1 950 kg/m³ 的混凝土;次轻混凝土是指在轻集料中掺入适量普通集料,干表观密度为 1 950～2 300 kg/m³,也称为改进密度混凝土(modify density concrete,简称 MDC)或特定密度混凝土(specified density concrete,简称 SDC)[61]。轻集料的加入,使轻集料混凝土和次轻混凝土明显区别于普通混凝土,具有轻质高强、保温隔热性好、抗震性强、耐火、耐久性佳的优点。

(1) 轻质高强特征鲜明:LC30 以上高强轻集料混凝土的表观密度为 1 600～1 900 kg/m³,比相同强度等级普通混凝土自重降低 25%～30%,可有效扩大使用范围,提高建筑高度,在大跨度桥梁、高层建筑等地面结构中应用广泛,如挪威 Stolma 大桥、Raftsundet 大桥、武汉蔡甸汉江大桥、上海卢浦大桥、湖北随州团山河大桥、美国休斯敦大厦、挪威 Trolla 石油平台、珠海国际会议中心、南京太阳宫广场戏水大厅和武汉市证券大厦等。

(2) 保温、隔热、保湿性能优异:轻集料内部多孔,能有效降低混凝土导热系数,是一种优异的节能材料。普通混凝土的导热系数为 1.50～2.08 W/(m·K),而轻集料混凝土按密度等级从 600 至 1 900 共 14 级,其导热系数为 0.18～1.01 W/(m•K),作为保温墙体材料广泛应用。

(3) 耐久性高:以硅酸盐类岩土或土壤为主要原料经高温煅烧而成的轻集料,具有较好的耐高温特性,表面含有大量 SiO_2 玻璃体,因而具有一定的火山灰效应,能够有效降低碱集料反应生成的应力,同时轻集料内部多孔可降低由于水结冰而产生的膨胀应力,因而抗冻性能佳。

(4) 抗震性佳:轻集料混凝土具有较低的表观密度和弹性模量,因而具有较好的变形性能和抗震性能。普通混凝土和砖砌体的相对抗震系数分别为 84 和 64,而轻集料混凝土为 109[62]。

轻集料混凝土也有许多明显的缺点亟待解决:

(1) 体积稳定性差。轻集料具有较低的弹性模量,使得对水泥浆体限制作用减弱,因而产生较大的收缩变形和徐变变形。

(2) 施工泵送难度大。轻集料多孔吸水特性使之在拌和、运输过程中会吸收拌合物中的水分,降低流动性能和工作性能,还导致混凝土的水灰比不易控制。

(3) 大量研究证实轻集料的吸水特性进一步降低水胶比和释水湿度补偿作用,使得骨料与水泥石界面过渡区的密实性比普通混凝土高,但材料破坏往往使轻集料内部孔隙或缺陷产生应力集中、裂缝扩展。

综上所述,开发高性能轻集料混凝土是发展趋势,其在承重结构中的使用正逐年增加,但是将轻集料配制成喷射混凝土,重点探讨在隧道、矿井巷道喷层中的应用还未见相关文献。本书正是利用轻集料混凝土的良好隔热、耐高温、耐久特性,尝试配制出适合于喷射施工的喷层材料,并将其应用于井巷支护中,形成主动隔热结构,以改善井巷工作热环境。针对本书研究内容,整理总结了轻集料混凝土的基本性能及界面区微观结构等研究现状。

1.2.4.2　轻集料混凝土基本性能研究现状

(1) 轻集料对新拌混凝土性能的影响

混凝土拌合物的最主要性能是和易性,由于轻集料颗粒密度较小,在拌和过程中轻集料、水上浮,而水泥浆体和砂下沉,形成如图 1-5 所示分层结构。可见混凝土表层聚集着大颗粒的轻集料与水分,水泥颗粒和浆体由于密度较大向下沉淀,使得处于中上层的轻集料缺少水泥石的保护,加之轻集料自身强度较低,致使受力时轻集料本身破坏而出现裂缝,导致混凝土失去承载力。因此,拌合物具有较高稳定性,不产生分层、离析是配制高强与高性能

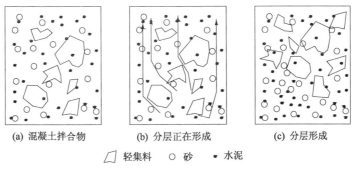

| (a) 混凝土拌合物 | (b) 分层正在形成 | (c) 分层形成 |

◇ 轻集料　○ 砂　▪ 水泥

图 1-5　轻集料混凝土分层的形成[61]

轻集料混凝土的必要条件。

相关学者从控制轻集料最大粒径、提高水泥浆体黏度、掺入矿物掺合料和引气剂、调整砂率、掺入纤维构成网架、控制单位用水量等来调控混凝土工作性能,并提出分层度概念来判别集料分层对混凝土强度的影响[63]。

（2）轻集料对混凝土强度的影响

在轻集料混凝土中,轻集料破坏大多数表现为裂缝直接贯穿轻集料,与普通集料混凝土界面区断裂有所区别,对此多数学者认为轻集料自身强度的提高是提高材料强度最有效的方法。以最常用的陶粒轻集料为例,一般认为水胶比和预湿情况对陶粒轻集料混凝土的影响较大。研究表明:水胶比与强度成反比关系,预湿时间与强度成正比关系,但水胶比低于0.28、预湿时间超过1 h之后强度增长不大[64-65]。利用此规律,谭克锋[66]成功配制出强度高于60 MPa、密度低于1 834 kg/m³的高性能混凝土。但也有学者认为降低水胶比对混凝土强度的提高非常有限。张宝生等[67]研究了陶粒预湿对混凝土强度的影响,得出预湿程度增大,混凝土早期强度下降,但后期强度提高较大的结论,90 d时可超过未预湿的陶粒混凝土。文献[68]则表示预湿30 min的陶粒混凝土强度高于不预湿和预湿24 h的陶粒混凝土。陈伟等[69]采用高水灰比(0.75和0.5),配制出抗压强度约14 MPa和25 MPa的陶粒混凝土,且能显著降低坍落度和减轻轻集料上浮分层现象。

应当看到:良好界面结构对混凝土早期强度的促进、后期返水对水泥水化和水泥石进一步固结的有益贡献、自身低强度特性对混凝土整体强度造成损失和限制,这些因素综合起来使轻集料混凝土强度发展规律较为复杂,且在不同水灰比和不同养护条件下混凝土强度也不尽相同。

（3）轻集料对混凝土耐久性的影响

研究认为:轻集料吸、返水而产生内养护,使耐久性、抗渗性、抗冻性优于一般混凝土。存在两种观点:其一,应当开发出与普通骨料相近的低吸水率轻集料,以利于泵送施工,目前可以生产出吸水率小于3%的陶粒;其二,降低轻集料吸水率,能够改善施工、工作性能,但是内养护使耐久性的提高幅度下降甚至丧失。仍然以陶粒轻集料研究最为广泛。李北星等[70]针对陶粒种类、预湿程度对混凝土抗渗、抗冻和抗硫酸侵蚀性进行了系统研究,认为陶粒多且细小的闭孔可缓解冰晶压力或硫酸侵蚀产物的结晶压,因此陶粒混凝土耐久性优于普通混凝土;崔宏志等[71]研究得出半干状态陶粒混凝土抗渗性能优于干燥和饱和水状态陶粒混凝土的结论;翟红侠等[72]研究发现陶粒水泥石界面有一过渡环,随着养护水化时间增加,过渡环的黏结力增大,抗渗性也较好。但也有研究认为水胶比较高时陶粒混凝土渗透性低于普通混凝土,而水胶比较低时陶粒混凝土渗透性略高于普通混凝土,相同强度等级时陶粒混凝土渗透性低于普通混凝土[64]。

此外,矿物掺合料与$Ca(OH)_2$反应生成的水化硅酸钙胶凝颗粒,能够有效填充和弥补陶粒的孔洞和缺陷,从而优化界面区,并提高陶粒强度,以改善混凝土整体性能。如刘娟红等[73]采用矿渣和粉煤灰有效填充和堵塞混凝土中的气孔和毛细通道,提高了陶粒混凝土密实度,从而抗渗性、抗冻性和抗腐蚀性得到大幅提高;吴芳等[74]研究表明:粉煤灰可有效提高混凝土的抗氯离子渗透性,随着掺量增加,增强作用相应大幅提高,且随着龄期增长,陶粒轻集料混凝土的抗氯离子渗透能力将超过普通混凝土。

（4）轻集料对混凝土自收缩性的影响

高性能混凝土的开发与推广已成为趋势,但是其较低的水灰比和大掺量的矿物掺合料,使得早期开裂问题日趋严重。一般混凝土收缩由水泥浆体收缩所致,集料对水泥浆体收缩起限制作用,而具有多孔特性的轻集料,强度和弹性模量都远低于普通碎石,故对水泥浆体收缩变形的抵抗能力明显低于普通碎石。如刘巽伯[75]配制粉煤灰陶粒混凝土 LC30 和 LC20 的收缩变形、徐变应变是普通混凝土的约 1.5 倍、1.56 倍。但是 W. C. Tang 等[76]提出陶粒返水自养护是有效减小混凝土自收缩的措施,高吸水率陶粒替换部分骨料可减小混凝土收缩,且随着替换量增大,收缩随之减小。如高英力等[77]研究表明:低水胶比时,随着水胶比减小,自收缩变形增大,而未预湿陶粒会显著增加早期自收缩变形。另外,粉煤灰的掺入也可以有效减小早期收缩变形[78]。

王发洲等[79]对比研究了陶粒轻集料混凝土与普通混凝土在早期和后期自收缩性的区别,认为陶粒种类、预饱水程度、外加剂、掺合料等的影响较大。孙海林等[80]通过试验证实由于高含水率轻集料在混凝土中起"蓄水池"作用,使早期收缩量小于普通混凝土,而最终收缩量大于普通混凝土;但是含水率低的陶粒混凝土收缩量始终大于普通混凝土。宋培晶等[81]混合采用低、中、高吸水率的轻集料,可以在不增大混凝土密实度的前提下减小早期收缩量;以石子替换部分低吸水率轻集料,添加减缩剂能进一步减小收缩。A. Bentur 等[82]也发现轻集料混凝土收缩徐变一般比普通混凝土高,但是其早期收缩量比普通混凝土的小,徐变程度也随混凝土强度增大而降低。另外,轻集料混凝土总变形量高于普通混凝土的原因是轻集料较低的弹性模量会引起较大弹性应变。

1.2.4.3 轻集料混凝土界面过渡区微观结构研究现状

轻集料混凝土由于使用多孔轻集料,内部结构与普通混凝土有显著区别,材料的宏观行为取决于其组成与内部结构,早在 20 世纪 80 年代,吴中伟等[83]对不同尺度的研究对象进行总结概括,如图 1-6 所示。由图 1-6 可知:不同尺度体系及所研究的对象不相同,宏观上混凝土可看作均质材料,表现出统一物理力学性能和工程性能,细观上混凝土通常被看作两相或三相材料,硬化混凝土由水泥浆体、界面过渡区和集料三个部分组成,混凝土的性质取决于其各自性质及其相互间关系和整体均匀性,其中界面过渡区是将性质完全不同的水泥浆体和集料连接成整体的关键,因此,探讨界面区微观结构意义重大[84-86]。

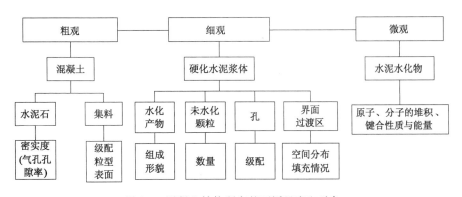

图 1-6 混凝土结构研究的不同尺度和对象

对于集料与水泥浆体界面过渡区,学者们一致的看法是:界面过渡区局部水灰比高、孔隙率大、结晶尺寸大、结构较为疏松,是材料中密度低、强度低的区域。此外,界面过渡区作为连接集料和水泥浆体过渡段,必然造成不同材料性能过渡和应力、变形等传递,认为界面过渡区是混凝土中最为薄弱的区域[87-88]。

与之相反,黄士元等[89]提出通过界面区强化,使之具有比介质更好的物理力学性能,认为混凝土结构中必然存在的孔、缝也有其积极作用:(1)孔、缝既能为水泥继续水化提供水源和供水通道,又可以成为水化产物生长的场所;(2)混凝土中形成了各种中心质网络骨架,因而荷载、干湿、温度等外界作用并非完全反映外形体积改变,可能更多反映孔、缝的变化;(3)尺寸较小的孔、缝(孔径低于 20 nm 为无害孔),不但对混凝土某些性能(如强度和在一定水压下的抗渗性)无害,而且对轻质、隔热和抗冻性能还有一定益处;(4)可利用孔、缝网络来改善混凝土结构。

上述观点为轻集料混凝土用作承重结构材料提供了理论基础,轻集料混凝土的各项性能甚至能达到高性能混凝土,许多学者也提出了相应的模型构想。图 1-7 为王发洲[90]在吴中伟"中心质假说"思想上提出的高性能轻集料混凝土优化结构模型:新拌阶段混凝土,部分水泥浆体渗入轻集料表面开孔或微裂隙中;进入硬化阶段,水泥水化和材料内部相对湿度降低,轻集料内部存储水分释放出来,从而对周围水泥浆进行内养护;立体层面上,各轻集料间的间距、中心质效应相互叠加,轻集料的内养护作用使周围水泥石日趋密实和均匀,从而提高材料整体力学性能、体积稳定性和耐久性。杨婷婷[91]在此基础上提出了功能集料理想结构模型:理想轻集料由表面活性层和高强多孔内核组成,两层通过高温固相反应而紧密黏结,内部结构以闭孔为主,孔径呈多级分布,从而提供内养护条件。

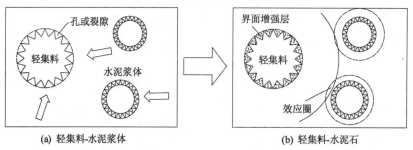

(a) 轻集料-水泥浆体　　　　　　(b) 轻集料-水泥石

图 1-7　轻集料与水泥石的界面结构模型[90]

不同界面结构模型设计者均较一致认为:① 轻集料由于具有表面粗糙、开孔的特征而与水泥浆体产生机械咬合、嵌固作用;② 能够与水泥水化产物发生化学作用;③ 轻集料吸水性强,施工中常预湿处理以便使内部存储一定水分,随着水泥水化逐步释放,形成由内至外对周围水泥石的养护,因而起到加强轻集料混凝土界面过渡区性能的作用[92-93]。目前使用最为广泛的轻集料为陶粒,相关学者针对不同种类陶粒与水泥石的微观结构特性及其影响展开了较为全面的研究。

董淑慧等[94]、胡曙光等[95]先后比较了陶粒轻集料混凝土与普通混凝土,发现界面区结构致密无裂纹,水泥水化程度较高,且 C-S-H 等水化产物嵌入陶粒表面孔洞中形成"嵌套"结构,显微硬度增大,无 CH 富集和定向排列现象,以改善界面区结构的方式来提高混凝土性能,7 d 的早期强度可达 28 d 的 80%。此外,相关研究还发现陶粒与水泥石间存在机械啮合作用的界面过渡区宽度为 20~30 μm,其中有 5~10 μm 的嵌入层[96]。

值得注意的是,具有多孔特质的陶粒拥有吸返水性质。拌和过程中,陶粒吸水可减少下部内分层形成的水囊,从而避免甚至消除 CH 的界面过渡区富集和定向排列;硬化初期,陶粒由于吸水而降低集料周围水灰比,从而提高界面过渡区周围水泥石基体强度;养护阶段,由于水化反应加剧,将消耗大量水泥浆体中的水分,而使混凝土内部相对湿度逐渐降低,至陶粒相对湿度以下时,陶粒中水分释放进一步促进水泥水化而产生内养护,使界面区的水化相对基体更密实,其原理示意图如图 1-8 所示[97]。其特征可概括为"从内向外、原位释水、即时养护"。许多学者对该特性进行了研究,如董淑慧[98]利用 U 形管微压原理,直观地观察了陶粒在水中或水泥浆中吸水和返水现象,证明其存在"微泵"作用;郑秀华[99]在此基础上对陶粒在水泥浆体中吸返水规律进行了系统研究,认为水分迁移的方向取决于水泥浆(石)和陶粒的相对湿度差;再如刘荣进[100]开发出新型聚合物内养护材料,陈佩圆[101]所制备的多孔漂珠内养护微胶囊混凝土等。

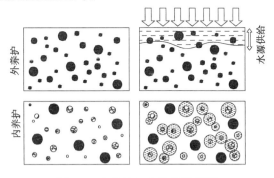

图 1-8 内养护与外养护原理[97]

1.2.4.4 玻化微珠轻集料混凝土研究现状

近年来,新型轻集料的开发成为热点,玻化微珠无机保温轻集料的研究集中于保温砂浆性能,如龚建清等[102]研究了不同水胶比对玻化微珠保温砂浆性能的影响;朱江等[103]探讨了聚丙烯纤维掺量对玻化微珠复合保温材料力学性能和软化系数的影响;吴文杰等[104]分析了保温砂浆各组分对材料性能的影响。但是保温砂浆作为保温材料增加了施工工序,为此学者提出既能够有效承重,又具有隔热功能的玻化微珠保温混凝土。

对此,太原理工大学李珠、张泽平带领其课题组成员进行了较为系统的研究,主要包括:(1) 玻化微珠保温混凝土配合比设计与基本性能试验研究,文献[105-108]分析了不同外掺料和轻骨料对混凝土强度和导热系数的影响,成功研制出强度等级为 C10～C40、导热系数为 0.25～0.45 W/(m·K)的混凝土;(2) 不同劣化环境下玻化微珠混凝土系统研究,文献[109-111]探讨了抗冻性、耐火性和高温特性的变化规律;(3) 着力解决玻化微珠保温混凝土泵送工作性能问题,成功将玻化微珠混凝土应用于建筑保温墙体的工程实践中,并进行了全面的力学、能耗、技术经济分析[112-116];(4) 玻化微珠混凝土微观形貌及其作用机理的研究,认为膨胀玻化微珠与膨胀珍珠岩内部同样存在多孔结构,且总孔容积相似,但是膨胀玻化微珠的微孔较多,且外部包裹着较多易破碎的外壳[117-118];孙亮等[119]认为玻化微珠独特的空腔结构使得其与周围水泥石黏结中出现微裂隙和空隙,从而降低材料强度,并通过加入 1% 的二氧化硅,将强度提高近 15%～20%。

可见,国内外玻化微珠保温混凝土或保温砂浆,大部分应用于地面结构墙体,将其应用于井巷喷层中却鲜有报道,仅有李国富[53]进行了相关理论研究和工程应用的尝试。因此,本书以玻化微珠作为轻质细集料,一方面有效提高混凝土喷层隔热性能,另一方面与陶粒轻质粗集料混掺,有效提高工作性能和可喷射性能。

1.2.4.5 纤维加强筋轻集料混凝土研究现状

轻集料混凝土以其质轻、保温、隔热、耐火、抗震等多功能特性而受到广泛关注,但是其抗压、抗拉等力学特性较差为其劣势。因此,有学者提出掺入纤维作为加强筋,以提高水泥基材料的抗拉、抗裂特性。本书研制了玄武岩/秸秆纤维轻集料混凝土作为隔热喷层材料,以下总结整理了玄武岩纤维、秸秆植物纤维在水泥基材料中的国内外研究现状。

(1) 玄武岩纤维混凝土研究现状

20 世纪 60 年代,苏联乌克兰研究院研制出玄武岩纤维,之后各国学者纷纷进行了研究。T. Ayub 等[120]研究了玄武岩纤维掺量对混凝土力学性能的影响,研究表明:掺量为 0～2％时抗压强度增大幅度较小,掺量超过 3％时抗压强度下降;劈裂抗拉强度和延性随掺量增大而增大;纤维掺量对弹性模量影响较小。D. P. Dias 等[121]研究表明:在混凝土基体中掺入体积 1％的玄武岩纤维,能够显著提高材料的抗裂性。C. H. Jiang 等[122]研究了玄武岩纤维掺量和长度对混凝土力学特性的影响,结果显示混凝土抗拉强度明显提高,而抗压强度变化不大。

国内学者侧重于玄武岩纤维混凝土抗裂、微观、耐久等方面特性的研究。吴钊贤 等[123]采用电镜扫描的方式观察玄武岩纤维混凝土内部微观结构,显示纤维与水泥基体黏结性较好,内部孔隙较少,形成了比较密实的结构体系。

王海良 等[124]在混凝土中掺入短切玄武岩纤维,显著提高了混凝土的抗压、抗折和抗裂性能。

陈伟 等[125]研究发现玄武岩纤维混凝土梁抗裂性能显著提高,有效延缓裂缝发展速度,提高了梁的整体刚度。

王新忠 等[126]研究发现掺量达 2‰时能基本消除混凝土早期的可见裂缝。

张兰芳 等[127]研究发现适量的玄武岩纤维和粉煤灰混掺后,能有效提升混凝土的力学性能。

鲁兰兰 等[128]研究了硫酸盐侵蚀环境下早期玄武岩纤维混凝土强度变化情况,研究结果表明:早期的纤维对抗压强度影响不大,而在硫酸盐侵蚀作用下,随着纤维掺量增加,混凝土的抗压强度反而下降。

王钧 等[129]研究了玄武岩纤维混凝土与钢筋的黏结锚固性能,研究结果表明:加入玄武岩纤维的混凝土与钢筋的极限锚固强度下降,但随着纤维长度的增大和混凝土强度的提高,与钢筋的极限锚固强度随之提高。

(2) 秸秆植物纤维混凝土研究现状

植物纤维是种子植物的厚壁组织,在中国几千年历史中处处可见植物纤维的使用,如纸张、纺织品、绳索等。我国是粮食生产大国,每年粮食增产的同时,秸秆作为一种粮食生产剩余物也在增加。据不完全统计,我国每年大约产出 7 亿吨农作物秸秆,为此有学者提出将秸秆处理后适当掺入混凝土中,借助秸秆纤维固有的封闭多孔结构,提升材料的保温隔热性。

国内外很多学者进行了相关研究。B. Montaño-Leyva 等[130]利用热机械法制备了小麦副产品麦麸和麦草纤维生物复合材料,研究结果表明:麦秸秆的抗拉增强作用归因于脱塑作用。D. L. Naik 等[131]研究了小麦秸秆的力学性能,并从微观角度分析了麦秸秆的受力特性,研究结果表明:麦秸秆可用作混凝土的增强材料。M. U. Farooqi 等[132]、M. Bouasker 等[133]、A. Qudoos 等[134]验证了秸秆植物纤维对混凝土的各项力学性能、保温隔热等多功能特性的改善。

为了使纤维能够与混凝土很好地融合共存,学者们着手对纤维进行处理。王继博等[135]研究表明:经改性处理的麦秸秆可以增强水泥基复合材料的力学性能和耐久性能,同时增韧、保温、防水、耐火等一系列性能都有所提高[135]。

高宇甲等[136]制备了秸秆-玻化微珠复合防火保温材料,测试了其物理力学性能,并利用扫描电镜观察了秸秆与水泥浆体的结合界面。

魏丽等[137]研究了麦秸秆加筋土中的麦秸秆与土的共同作用效果,研究结果表明:麦秸秆加筋盐渍土的拉拔摩擦强度随着含水率增大而减小;麦秸秆加筋土的抗压强度、抗剪强度和抗变形性能大幅提高,有效提高了土的力学性能。

卢浩等[138]通过将麦秸秆纤维加入石灰加筋土中,研究使用麦秸秆石灰加筋土作为黄土公路边坡坡面的抗雨水侵蚀问题,研究结果表明:石灰可以改善麦秸秆加筋土的加筋效果,使得土体抗侵蚀、抗冲击性能得到显著提升,是一种值得推广的黄土边坡防护措施。

1.2.5　目前研究中存在的问题

综上所述,国内外学者针对深部矿井热湿交换理论、热环境控制措施、轻集料混凝土作用机理及性能、工程应用等方面进行了大量研究工作,取得了一些重要成果,但仍存在以下问题值得进一步探讨:

(1)现阶段我国正处于从浅部到深部开掘的过渡时期,对于淮南矿区,其地温特点、地热传递规律、井巷热湿环境的实测调研、研究,需要进一步丰富,为接下来新水平的开拓和布局提供参考和基础数据。

(2)目前矿井巷道、工作面热湿环境控制往往采用通风、机械制冷水等被动降温措施,考虑主动隔热降温综合治理井下热环境还处于理论研究阶段,进一步考虑施作喷、注隔热材料以形成主动隔热结构后,喷浆层、注浆层与围岩的热湿交换机理,以及主动隔热结构热物性参数对巷道温度场的影响有待讨论。

(3)多数研究者致力于隔热喷层材料的研制,鲜有文献报道工程实践方面的应用,此外,井下主动隔热降温措施与井巷支护结构相结合,形成支护与隔热合二为一的综合治理措施,相关的尝试和文献还较少。

(4)现阶段关于轻集料混凝土在地面建筑结构中的研究与应用已经很多,其具有自重轻、隔热耐火特性,被广泛应用于高层、桥梁等建(构)筑物中,但将其应用于地下建筑结构,尤其利用其导热系数低的特点来治理井巷热环境,需要从材料的基础研究、施工情况、效果评价等方面进一步探索。

1.3　本书研究目的与主要研究内容

1.3.1　本书研究目的

针对煤炭深部开采热环境控制难题日益突出,提出适用于深部高地温巷道的主动隔热

喷层支护技术,探索主动隔热巷道温度场演化规律:

(1)掌握研究区域地温分布特征及其影响规律,为提出井下热湿环境控制措施提供依据。

(2)研究煤矿井下热源与热湿传递规律,揭示主动隔热机理对于井巷热环境控制在理论上的合理性和可行性,同时通过混凝土热传导模型,从理论上证实轻集料掺入混凝土中对材料隔热性能的改善,最终提出巷道主动隔热模型,并分析其工作模式。

(3)以隔热喷浆层构建主动隔热巷道,分析巷道温度场分布规律,掌握隔热喷层、围岩热物理参数对巷道温度场的影响规律;以隔热喷浆、注浆层构建主动隔热巷道,掌握隔热喷浆、注浆热物理参数对巷道温度场的影响规律。

(4)以井巷喷射混凝土为目标,研制适宜喷层支护的新型隔热混凝土材料,包括以页岩陶粒、玻化微珠作为轻质粗细集料制备隔热混凝土,进一步改善其抗裂特性;掺入玄武岩/秸秆纤维制备隔热混凝土,对其物理力学特性、隔热性能进行测试和讨论。

(5)在典型高温矿井巷道中进行工程实践,验证主动隔热支护技术的热环境控制效果,并作出效果评价。

1.3.2　主要研究内容

(1)研究区域地温分布特征及影响因素分析

淮南矿区是我国华东地区最主要的能源供应基地之一,研究其现今地温场分布特征具有重要的意义。矿区总体地温梯度介于 $1.7\sim4.8$ ℃/hm,众值集中在 $3.0\sim3.5$ ℃/hm,平均地温梯度为 3.0 ℃/hm,总体正地温异常,高温异常区分布广泛。据此以典型热害矿井朱集东、丁集煤矿为研究对象,整理分析区域内多类测温数据,包括垂直方向、水平方向和主采煤层地温分布,并分析其影响因素。

(2)深部高温巷道主动隔热机理研究

总结煤矿井下各类热源及其放热量,研究巷道壁面与风流热湿交换过程、热湿交换量,以巷道围岩温度场控制为研究对象,分析围岩热传导模型,计算围岩吸热量或放热量,在巷道中增加隔热层构建主动隔热模型,并推导围岩放热减少量和减少率,提出主动隔热巷道工作模式。对此提出采用轻集料混凝土喷层构建隔热层,采用混凝土导热模型来证实轻集料掺入对材料隔热性能的改善。

(3)隔热喷层构建主动隔热巷道温度场分布规律

分析巷道温度场分布规律,讨论不同混凝土喷层导热系数、厚度、围岩导热系数、赋存温度对巷道温度场的影响,包括围岩调热圈半径、围岩温度场、壁面温度,并定量计算各影响因素对各项指标对各项指标的敏感性。

(4)隔热喷注构建主动隔热巷道温度场分布规律

分析巷道温度场分布规律,讨论不同注浆层导热系数、注浆层范围、喷浆层导热系数、喷浆层厚度对巷道温度场的影响,包括围岩调热圈半径、围岩温度场、壁面温度,并定量计算各影响因素的敏感性。

(5)深部高温巷道轻集料隔热混凝土喷层材料研制

混合选用轻集料页岩陶粒、玻化微珠作为隔热基材,同时掺加粉煤灰以提高拌和性及后期强度,采用正交试验的方法研制出既能够适应井下混凝土喷射施工及强度要求,又具有很好的隔热性能的喷层材料,以达到主动降温的目的。

（6）玄武岩/秸秆纤维隔热混凝土喷层材料研制

在轻集料隔热混凝土喷层材料的基础上,进一步提高喷层抗拉、抗裂性能,降低回弹损失率,混合掺入玄武岩和秸秆纤维,采用正交试验方法研制出玄武岩/秸秆纤维隔热混凝土喷层材料。

（7）深部高地温巷道隔热喷层材料支护技术工程应用

结合半刚性网壳锚喷支护结构和隔热混凝土喷层材料,提出一种能够主动隔绝深部岩温的新型功能性支护结构和方法——矿山隔热三维钢筋混凝土衬砌,利用网壳支护结构的强力支护能力,保证巷道长期稳定;利用隔热混凝土的主动隔热效果,阻断围岩内部热量向巷道传递,起主动隔热降温作用。对所研制的隔热混凝土喷层材料,选取朱集东煤矿进行工程实践;对所研制的玄武岩/秸秆纤维隔热混凝土喷层材料,选取丁集煤矿进行工程实践;实测分析井下典型测点的热湿环境、隔热喷层材料的施工性能、隔热效果、巷道收敛情况等。

1.4 研究方法与技术路线

1.4.1 研究方法

针对深部矿井热环境控制难题,采用现场调研、理论分析、室内试验、数值模拟和工程实践相结合的方法,开展深部高地温主动隔热巷道温度场演化规律及应用研究,为井下隔热降温提供新思路、新方法。

（1）参考相关文献和现场调研区域内多类测温数据,包括淮南矿区地质水文概况、地温梯度分布以及部分巷道地温实测数据,以工程应用矿井朱集东、丁集煤矿为典型案例,分析其地温特征及其影响因素。

（2）采用理论分析方法,建立深部高温巷道主动隔热模型,计算主动隔热巷道围岩放热量,以及围岩放热减少量和减少率,提出主动隔热巷道工作模式,采用混凝土导热模型来证实轻集料掺入对材料隔热性能的改善。

（3）使用 ANSYS 数值模拟软件分析隔热喷浆构建主动隔热巷道温度场分布规律,并分析混凝土喷层导热系数、厚度、围岩导热系数、赋存温度对调热圈半径、围岩温度场、壁面温度的影响,计算各因素对各项指标的敏感性。

（4）使用 ANSYS 数值模拟软件分析隔热喷浆、注浆层构建主动隔热巷道的温度场分布规律,并分析注浆层导热系数、注浆层范围、喷浆层导热系数、喷浆层厚度对调热圈半径、围岩温度场、壁面温度的影响,计算各因素对各项指标的敏感性。

（5）采用正交试验方法研制深部高温巷道隔热材料——陶粒隔热混凝土,测试不同陶粒级配、掺量时混凝土的表观密度、含水率、抗压强度、抗拉强度、抗折强度及导热系数,通过极差与因素指标、层次分析讨论不同因素水平对各项性能的影响,采用功效系数法得出最优掺量配合比;陶粒玻化微珠隔热混凝土,基于陶粒混凝土试验选用最佳级配陶粒,掺入玻化微珠以提高工作性能和隔热性能,讨论不同因素水平对各项性能的影响,并得出最优掺量配合比。

（6）采用正交试验方法研制了玄武岩/秸秆纤维隔热混凝土材料,测试陶粒、陶砂、玄武岩纤维、秸秆纤维不同用量时混凝土的抗压强度、抗拉强度、抗剪强度及导热系数,通过极差与因素指标、方差与贡献率、灰色关联分析讨论不同因素水平对各项性能的影响，通过 XRD、SEM 揭示陶粒、纤维、玻化微珠在水泥基材料中的微观特性。

（7）结合朱集东煤矿、丁集煤矿典型工程实例，对隔热混凝土喷层的施工性能、隔热效果、巷道收敛情况进行监测分析，同时对原位养护隔热混凝土喷层材料进行室内试验，验证该主动隔热混凝土喷层材料的可行性和适用性。

1.4.2 技术路线

本书研究技术路线如图 1-9 所示。

图 1-9 研究技术路线图

2 研究区域地热地质特征及典型高温矿井地温分布

我国煤炭储量巨大,同时地质构造复杂、成煤条件多样、成煤时期多期以及煤变质作用等,使我国煤炭开采面临严重的地质灾害。随着开采深度逐年增加,高温热害问题愈加严重,矿区地温研究工作的关注度与日俱增。

研究表明:当环境温度超过 26 ℃时,井下工作人员发病率上升,超过 30 ℃时,易出现中暑、头昏甚至昏厥,同时会提高煤自燃的危险性[139],高温热害已然成为深部安全开采的重要的制约因素。而淮南矿区作为我国重要的煤炭生产基地,逐渐面临深部开采高温热害问题。同时,地热属于可再生清洁能源,在淮南潘集、张集地区的煤田地质勘探和地热资源勘探过程中,有多个钻孔在 300~1 000 m 深度范围内,揭露水温在 36.5~52.0 ℃范围内[140];潘集地区地热曾通过钻孔自溢于地表,显现出较大的地热资源潜力[141]。因此,开展淮南煤田深部地温特征研究对于能源利用和解决矿井热害具有重要意义。

本章首先概述研究区域淮南矿区地质和水文条件,整理和分析区域内多类测温资料,之后着重以热害较为突出的朱集东煤矿、丁集煤矿为例,讨论典型热害矿井地温分布特征及其影响因素。

2.1 研究区域地质和水文概况

2.1.1 地质概况

淮南矿区煤田位于华北板块南缘,东经定远与郯庐断裂带衔接,西至麻城阜阳断层与颍上复向斜相邻,南以老人仓-寿县-舜耕山断层为界,并与合肥-霍邱中生界拗陷毗邻,北至上窑-明龙山断层并斜接蚌埠隆起。东西长 180 km,南北宽 15~20 km,面积约 3 200 km²。总体为近东西向的对冲构造盆地,两侧对冲形成叠瓦状推覆,内部则是宽缓的北西西向的向斜构造。

淮南矿区煤田构造运动主要发生在印支、燕山期,区域构造显示出由南向北的推挤作用,并形成两翼对冲推覆构造格局。南翼为阜舜断层和阜凤断层,形成由南向北的舜耕山、八公山、新集、刘庄推覆体;北翼为上窑-明龙山-尚塘断层,形成由北向南的上窑、明龙山推覆体。推覆体构成叠瓦扇,褶皱发育、密集,在复向斜内部,地层倾角平缓,表现为 10°~20° 的宽褶皱区,以陈桥-潘集背斜隆起幅度最大。煤田内部区域性走向逆断层较为发育,同时发育着北东向正断层,主要有武店断层、新城口-蔡城塘断层、颍上-陈桥断层、口孜集-南照集断层、阜阳断层,大致平行于郯庐断层,向西倾斜的阶梯式构造。在上窑、潘集、丁集勘探区内存在岩浆岩入侵迹象,属于燕山期。其总体区域地质构造简图如图 2-1 所示。

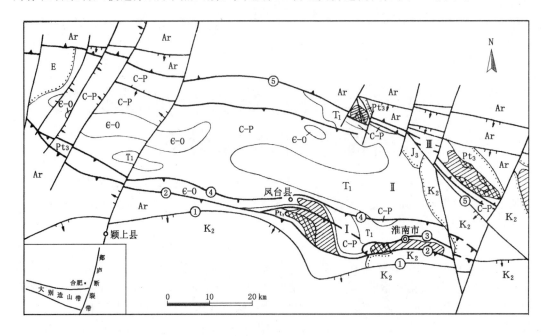

①—寿县老人仓断层;②—阜李逆冲断层;③—舜耕山逆冲断层;④—阜凤逆冲断层;⑤—尚塘集逆冲断层。

图 2-1 淮南矿区地质构造简图

淮南矿区主体被第四系松散层覆盖,含煤地层属于典型的华北型石炭-二叠系含煤岩系,含煤层位主要为二叠系山西组、下石盒子组和上石盒子组,为海陆过渡相的三角洲体系沉积,总厚度大于 1 300 m,含煤 5~26 层,主采 6 层。

淮南矿区主要以阜凤断裂为界划分为潘谢矿区和新谢矿区,其中潘谢矿区(潘集-谢桥)主要有潘集一矿、潘集东矿、潘集二矿、潘集三矿、潘北矿、朱集西矿、朱集东矿、丁集矿、顾桥矿、张集矿、谢桥矿、刘庄矿、口孜东矿、口孜西矿、板集矿、杨村矿等;新谢矿区(新集-谢家集)包括罗园-连塘李矿、新集一矿、新集二矿、新集三矿、新庄孜矿、谢一矿、望峰岗矿等。范围较大的潘集矿区位于淮南复向斜内部,东部为潘集背斜,而潘三矿位于潘集背斜的西段南翼,谢桥矿位于淮南复向斜中部,陈桥背斜南翼,谢桥向斜北翼。其矿井分布情况可见矿区构造纲要图(图 2-2)。

2.1.2 水文概况

区内水文条件受区域构造和构造运动控制。淮南矿区位于淮河中游两岸,地貌上东、南部为基岩裸露的低山残丘,北及西北部为黄淮冲积平原,地势平坦。区内水文系统按储水介质不同有:新生界松散层孔隙、二叠系煤系砂岩裂隙、太原组石灰岩岩溶裂隙、奥陶系石灰岩岩溶裂隙以及上推覆体的寒武系石灰岩岩溶裂隙,古元古界片麻岩裂隙,奥陶系、石炭系、二叠系岩溶裂隙等。

淮南矿区基本形成东为固镇-长丰正断层、西为口孜-南照正断层、南为寿县-老人仓正断层、北为尚塘-明龙山断层的控水边界,是一个单独的水文地质单元,同时受四周断层和区内

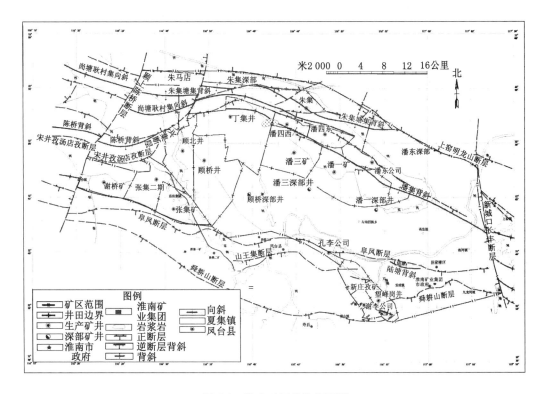

图 2-2 淮南矿区构造纲要图

阜阳凤台逆断层影响,如图 2-3 所示。

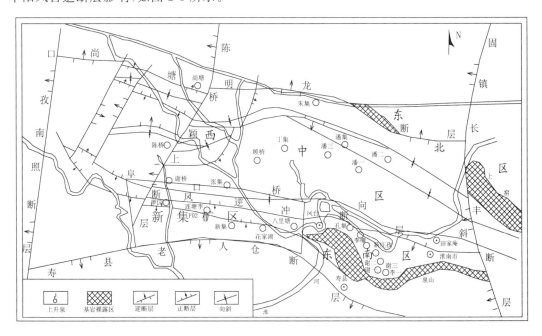

图 2-3 淮南矿区水文地质划分

2.2 研究区域地热地质特征

2.2.1 井温测井数据统计

目前,在煤炭资源勘探过程中,地温数据的获取主要是基于地面勘探钻孔,采用井温测量方法进行[142-143],其中,采用钻孔井液连续测温是最常用的一种方法,并根据井温资料分为简易测温和近似稳态测温两种。近似稳态测井所得井温数据可以直接用于地温场分析,而简易测温所得地温数据需校正后使用[144]。安徽理工大学吴基文教授课题组收集了淮南矿区测井温井孔 605 个,其中近似稳态测温孔 74 个,简易测温孔 531 个,并对其井底温度进行了校正,认为淮南煤田地温与深度基本呈线性关系,属于典型的热传导增温模式,为矿区地温分析提供了丰富的基本资料[145-146]。图 2-4 为淮南矿区各矿井采用近似稳态井温测井方法获得的具有代表性的钻孔井温曲线[146]。

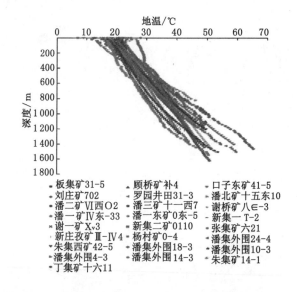

图 2-4　淮南矿区钻孔测温曲线[146]

2.2.2 井下岩温测试数据统计

淮南矿区部分煤矿勘探较早,开展钻孔测温工作的钻孔较少,且随着浅部煤炭资源的开采,大部分矿井采深呈逐年增加趋势,地温对煤矿作业的影响越来越明显。为了摸清井下地温变化规律,同时补充矿井深部地温数据,一些研究者采用浅钻孔测温法,开展巷道围岩温度测试,同时利用淮南矿区恒温带温度,对井下所测各点的地温梯度进行计算,并与地面钻孔井温测井所得地温梯度进行对比,见表 2-1,可见两种方法所得结果相近,起到相互验证作用[147-148]。此外,巷道风温为 31 ℃ 左右,测点温度大多数超过37 ℃,热害问题凸显。

表 2-1 淮南矿区井下部分巷道测温数据统计

矿井	位置	标高 /m	测点温度 /℃	巷道风温 /℃	测点地温梯度 /(℃/hm)	测点平均地温梯度 /(℃/hm)	测温钻孔平均地温梯度 /(℃/hm)
潘一	−790~−625 m 中部 B 组 8 煤顶板带式输送机上山	−760.0	38.0	—	2.90	2.90	3.00
潘一东	西一(13-1)盘区底板回风井	−782.0	40.1	30.8	3.10	3.06	2.89
	−848~−1 042 m 1# 暗回风斜井	−848.0	40.3	28.8	2.87		
	西一(13-1)盘区轨道上山	−715.0	38.7	—	3.20		
潘二	18217 工作面上顺巷	−430.0	31.0	—	3.68	4.07	3.17
	西一至西二轨道大巷	−516.5	33.7	—	3.47		
	11123 工作面底抽巷(西段)	−472.0	39.2	—	5.07		
潘三	−650 m 永久通风大巷	−650.0	34.5	—	2.85	3.20	3.09
	1462(3)工作面运输巷道	−732.1	38.85	—	3.14		
	西三轨道大巷	−634.7	37.6	—	3.44		
	西三 C 组煤中部采区轨道下山 H 点前 10 m	−723.4	40.0	—	3.35		
潘四东	−650 m 水平 1141(3)工作面下顺巷底抽巷	−635.0	35.9	—	3.16	3.16	3.05
朱集东	−965 m 东翼轨道大巷	−965.0	42.3	31.3	2.73	2.84	2.83
	−965 m 西翼轨道大巷	−983.0	42.5	31.1	2.70		
	东 1# 瓦斯钻孔找孔巷	−852.0	42.5	—	3.13		
朱集西	11402 工作面运输巷底抽巷 H14	−980.0	46.6	—	3.12	3.01	2.79
	11402 工作面运输巷底抽巷 H8	−955.0	43.8	—	2.91		
口孜东	−880 m 东翼轨道大巷	−880.0	36.9	—	2.40	2.41	2.67
	−985 m 西翼轨道大巷	−983.0	38.8	—	2.42		
丁集	西一 1412 工作面底抽巷 150 m	−910.0	49.8	—	—	—	—
	西一 C13 回风大巷(2)	−790.0	44.5	—	—	—	—
	东一 1311(3)工作面运输联巷	−760.0	44.5	—	—	—	—
	1321(1)工作面 119 号架	−830.0	45.05	—	—	—	—
	1141(3)工作面运输掘进头煤巷	−660.0	40.95	—	—	—	—
	1422(1)工作面 83—129 号架	−890.0	47.6	—	—	—	—

注:1 hm=100 m。

2.2.3 地温梯度

地温梯度是表示地球内部温度不均匀分布程度的参数,以每百米垂直深度上增加的温度数表示,计算公式为:

$$G = 100(T - T_0) - (H - H_0) \tag{2-1}$$

式中　G——测温孔的地温梯度，℃/hm；

T——井底温度或校正后的井底温度，℃；

T_0——恒温带温度，℃；

H——井底深度，m；

H_0——恒温带深度，m。

淮南矿区内 H_0 为 30 m，T_0 为 16.8 ℃[149]。

安徽省煤田地质局徐胜平博士收集整理了淮南矿区各主要矿井地温梯度情况，见表 2-2，同时绘制了地温梯度分布趋势曲线，如图 2-5 所示[18]。

表 2-2　淮南矿区地温梯度汇总[18]

矿区	矿井	测试深度/m	地温梯度/(℃/hm) 最小值～最大值 平均值	矿井	测试深度/m	地温梯度/(℃/hm) 最小值～最大值 平均值
潘谢矿区	潘一	401～1 104	$\dfrac{1.90 \sim 4.80}{3.10}$	顾桥	40～1 100	$\dfrac{2.60 \sim 3.80}{3.80}$
	潘二	487～1 501	$\dfrac{1.74 \sim 3.86}{3.09}$	张集	100～1 204	$\dfrac{2.50 \sim 5.20}{3.05}$
	潘三	649～1 050	$\dfrac{2.46 \sim 3.80}{3.17}$	谢桥	821～1 504	$\dfrac{2.20 \sim 3.60}{2.80}$
	潘一东	660～1 174	$\dfrac{2.46 \sim 3.29}{2.89}$	老庙展沟	450～1 352	$\dfrac{2.40 \sim 3.80}{2.95}$
	潘北	538～978	$\dfrac{2.47 \sim 3.81}{3.05}$	刘庄	520～1 623	$\dfrac{1.90 \sim 4.70}{2.97}$
	朱集西	1 073～1 365	$\dfrac{2.44 \sim 3.01}{2.78}$	板集	625～1 095	$\dfrac{2.20 \sim 3.80}{2.80}$
	朱集东	963～1 250	$\dfrac{1.70 \sim 3.80}{2.83}$	口孜东	827～1 615	$\dfrac{2.30 \sim 3.10}{2.72}$
	丁集	812～1 078	$\dfrac{2.30 \sim 3.67}{3.08}$	口孜西	890～1 105	$\dfrac{2.60 \sim 4.80}{2.67}$
新谢矿区	谢一	935～1 291	$\dfrac{0.47 \sim 2.10}{1.37}$	新集一	365～995	$\dfrac{2.23 \sim 4.30}{3.40}$
	新庄	1 212～1 277	$\dfrac{2.15 \sim 2.26}{2.21}$	新集二	395～1 051	$\dfrac{1.95 \sim 3.90}{3.40}$
	罗园	612～1 486	$\dfrac{1.80 \sim 3.00}{2.27}$	新集三	570～890	$\dfrac{1.95 \sim 2.57}{2.21}$

结合图 2-5 和表 2-2 中的汇总数据，可获得如下结论：

（1）地温梯度大于 3.0 ℃/hm 的正异常区，从东部到西北连续成片分布。首先，煤田东北部潘集矿区，包括潘一、潘二、潘三、潘北和朱集矿井，区内平均地温梯度 $G_{全}$ 为 1.7～4.8 ℃/hm，众值集中在 3.0～3.5 ℃/hm，平均梯度为 3.0 ℃/hm。正异常区主要分布于潘一、

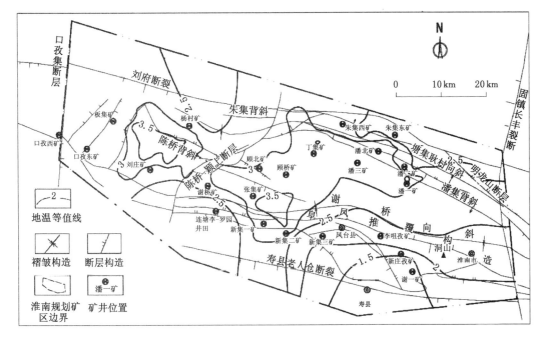

图 2-5　淮南矿区地温梯度 $G_全$ 分布图[18]

潘三北部、潘二、潘北南部,呈条带状分布,最大值超过 3.5 ℃/hm。其次,煤田中部,主要有丁集、顾桥、张集、罗园、新集一、新集二矿井,该区域内地温梯度大于 3.0 ℃/hm,在张集、顾桥交界处以及新集井田局部达 3.5 ℃/hm,值得一提的是,新集一、新集二地温梯度均值达到 3.4 ℃/hm。最后,在杨村矿南部、刘庄矿北部和板集矿,地温梯度变化范围为 1.9～4.7 ℃/hm,平均梯度为 2.96 ℃/hm。

（2）淮南矿区煤田温度正常区域总是位于正异常区周围,潘集矿区周边的潘一东、朱集西和朱集东矿井,地温梯度多分布于2.5～3.0 ℃/hm,而朱集矿井西部存在地温梯度小于 2.5 ℃/hm 的低值区域,同样位于西部的口孜、板集、谢桥矿井地温梯度也多数在 2.5～3.0 ℃/hm 正常范围内;由南至北,以阜阳-凤台断裂带为界,南部地温梯度明显小于北部,尤其在谢一矿、罗园矿、新庄孜矿,平均地温梯度仅分别为 1.37 ℃/hm、2.27 ℃/hm、2.21 ℃/hm。

总结淮南矿区地温分布规律,作地温梯度对比图,如图 2-6 所示。由图 2-6(a)可以发现矿区地温梯度自西向东呈先略增大后逐渐减小的变化规律。而由图 2-6(b)可知:由南至北地温梯度逐渐增大而后趋于平缓,在张集、顾桥、新集、丁集、潘三矿达到峰值,而于西部口孜东、东部谢一矿的值最低。因此,淮南矿区地温梯度差异显著,总体上具有南低北高、西低东高的展布特点。

2.2.4　地温场特征

研究区域内各个水平地层的温度分布情况,有益于了解和宏观把控各矿井主采煤层、工作面的热害情况。据调查分析,随着深度的增加地温呈明显的上升趋势,−500 m 水平平均地温为 29.96 ℃,−800 m 水平平均地温为 37.46 ℃,−1 000 m 水平平均地温为 41.84 ℃,−1 200 m 水平平均地温为 48.98 ℃,−1 500 m 水平平均地温为 57.27 ℃,−2 000 m 水平

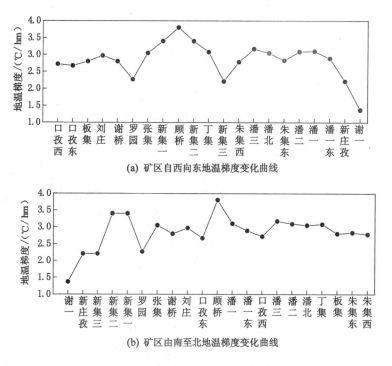

(a) 矿区自西向东地温梯度变化曲线

(b) 矿区由南至北地温梯度变化曲线

图 2-6　淮南矿区地温梯度变化对比

平均地温为 69.62 ℃。就目前开采情况而言，大部分矿井处于 500～1 200 m 的开采深度，而《煤矿安全规程》按原始岩温划分井田热害：一级热害区为 31～37 ℃，高于或等于 37 ℃ 为二级热害区，可知大部分矿井开采工作位于超过 31 ℃ 的一级热害区。为此，收集绘制了淮南矿区 −500 m、−800 m、−1 000 m、−1 200 m、−1 500 m、−2 000 m 水平的地温等值线图，如图 2-7 至图 2-12 所示。

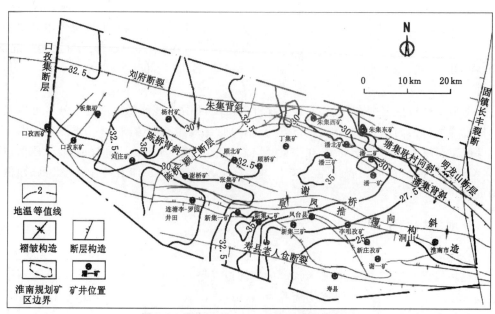

图 2-7　淮南矿区 −500 m 水平地温分布图

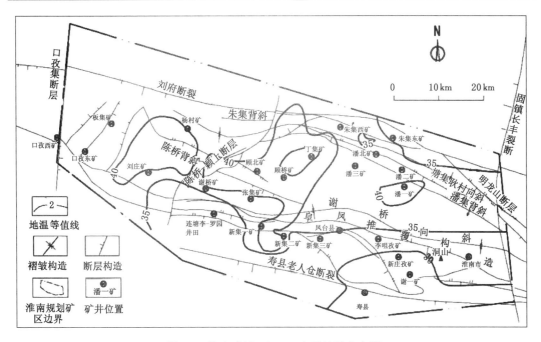

图 2-8　淮南矿区-800 m 水平地温分布图

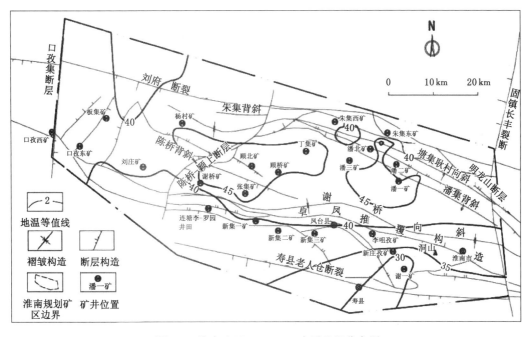

图 2-9　淮南矿区-1 000 m 水平地温分布图

（1）由图 2-7 可知:在-500 m 深度地温变化不大,多集中于 25～37 ℃,平均地温为
29.96 ℃,其中潘集、丁集、顾桥、顾北、刘庄、新集等矿区均已超过 30 ℃,潘三矿北部和刘庄
矿东部已超过 35 ℃。

（2）由图 2-8 可知:在-800 m 深度地温变化范围为 26.76～40.96 ℃,平均地温为

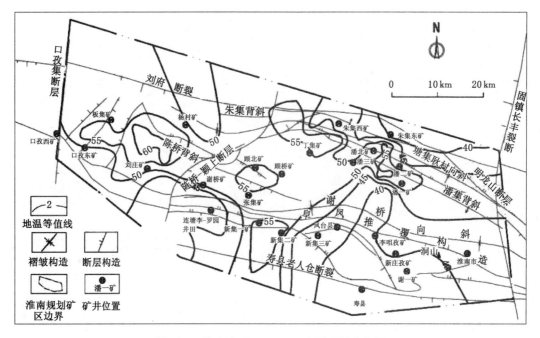

图 2-10　淮南矿区－1 200 m 水平地温分布图

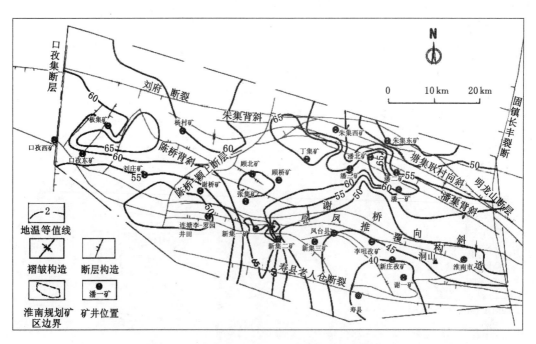

图 2-11　淮南矿区－1 500 m 水平地温分布图

37.5 ℃,其中大部分矿井达到 30 ℃,潘集矿区各矿井和朱集东矿已超过 35 ℃,而潘一、顾桥、顾北、张集、丁集、杨村、新集一、新集二矿均已超过 40 ℃。

（3）由图 2-9 可知:在－1 000 m 深度范围内地温变化较大,变化区间为 24.00～53.75 ℃,平均地温为 41.84 ℃,大部分井田地温达 40 ℃,局部潘一、潘二、潘三、朱集东、顾

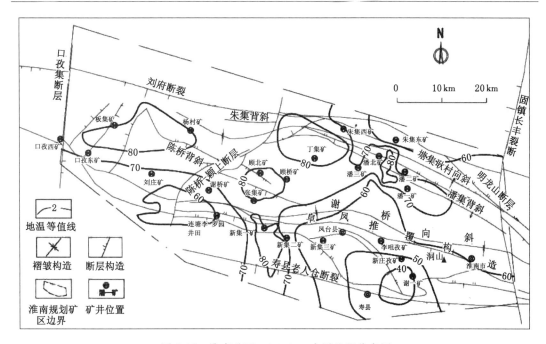

图 2-12　淮南矿区 −2 000 m 水平地温分布图

桥、丁集等矿区地温超过 45 ℃,属于低温地热资源中的温热水型,地温呈东部高,往西略低的趋势。

（4）由图 2-10 可知:在 −1 200 m 水平,地温变化区间进一步扩大,变化区间为 29.5～74.9 ℃,平均值为 48.98 ℃,除谢一、新庄孜和罗园井田,大部分区域达到 40 ℃温热水资源标准,超过 50 ℃的高温区仍然集中于潘集、朱集东东部、顾桥、丁集、刘庄和杨村等正异常区。其中潘集、丁集井田局部达 60 ℃。

（5）由图 2-11 可知:在 −1 500 m 水平,地温变化区间为 28.0～77.8 ℃,平均值为 57.27 ℃,与 −1 200 m 水平类似,除谢一、新庄孜和罗园井田,其他区域均达到 40 ℃温热水资源标准,且在潘集、顾桥、丁集、新集和矿区西部局部高温区地温超过 60 ℃,达到热水资源标准。

（6）由图 2-12 可知:在 −2 000 m 水平,地温变化区间为 32.00～101.35 ℃,平均值为 71.03 ℃,除谢一、新庄孜和罗园井田局部地区,其他井田全部达到了 60 ℃热水资源标准,潘集、顾桥、丁集、新集井田超过 80 ℃,最大值在潘北井田,达 101 ℃。

2.3　朱集东矿地温分布特征

朱集东矿位于淮南矿区煤田东北部,东西长约 12.5 km,南北宽约 3.5 km,面积约 45.13 km²,是一座设计产能为 4.0 Mt/a 的大型现代化矿井,服务年限为 80.2 a,矿井煤炭资源丰富,煤炭资源储量达 9.47 亿 t,可采储量达 4.49 亿 t。总体构造呈一连续的西北向背斜、向斜,是淮南复向斜的次级褶皱,南北两侧为西北向逆断层,西部北端为朱集-唐集背斜,南端为尚塘-耿村集向斜,东部为一组小型宽缓背斜,系朱集-唐集背斜的自然延伸[150]。

朱集东煤矿地质勘探期间,共施工测温钻孔 64 个,其中达到 −906 m 水平钻孔 64 个,达到－1 200 m 水平钻孔 30 个,井温超过 31 ℃ 的钻孔 62 个。对其进行数据分类汇总及分析见附录 A,共计钻孔测温数据 57 组。

其中 7-2 孔、14-1 孔、10-3 孔数据为近似稳态测温数据,即完井后 72 h 所测得温度数据,井液和岩石的温度已基本达到平衡,所测数据能客观反映地层真实温度,其余大量钻孔测温数据为简易测温或瞬时测温。

2.3.1　垂直方向地温分布

根据原九龙岗矿长期地温观测孔资料确定恒温带深度为 30 m,温度为 16.8 ℃。根据附录 A 计算,可得到松散层平均厚度为 279.40 m,温度变化范围为 15.8～29.7 ℃,平均温度为 22.78 ℃。全地层地温梯度为 1.7～3.6 ℃/hm,平均值为 2.60 ℃/hm,基岩地温梯度为 2.2～3.8 ℃/hm,平均值为 2.93 ℃/hm。

选取近似稳态测温钻孔 7-2、14-1、10-3,作地温与深度关系曲线、地温梯度与深度关系曲线,如图 2-13 所示,地温梯度求取公式与参数选取同式(2-1)。

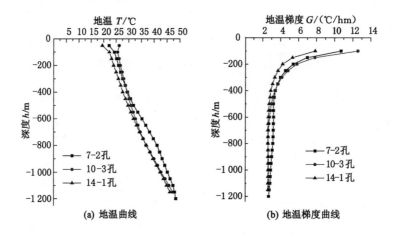

图 2-13　朱集东矿测温曲线

由图 2-13(a)可知:同深度温度以井田东部的 7-2 孔最大,且在纵向上,地温随着测温深度增加而逐渐升高,呈现良好的线性关系,为传导型增温特点。由图 2-13(b)可知:地温梯度随深度增加而递减,并逐渐趋于一致。在 400 m 以浅,地温梯度最大值为 12.57 ℃/hm,最小值为 2.92 ℃/hm,分布较为离散,随埋深增加迅速减小;当深度至 400 m 以下时,地温梯度变化较小,在 2.6～3.4 ℃/hm 之间,且显著低于 400 m 以浅的地温梯度值。

2.3.2　水平地温分布

根据附录 A 汇总分析结果,以－906 m、－1 070 m 和－1 200 m 3 个主要作业水平为研究重点:－906 m 水平地温变化范围为 28.6～50.8 ℃,平均温度为 39.69 ℃;－1 070 m 水平地温变化范围为 32.5～55.9 ℃,平均温度为 44.31 ℃;－1 200 m 水平地温变化范围为 39.5～56.6 ℃,平均温度为 47.08 ℃。可见:随埋深增加地温逐渐升高,－1 070 m 水平地温一般达到一级热害区以上,－1 200 m 水平地温一般达到二级热害区以上,且井田内同一水平下地温差异明显。

以现今主要工作水平－906 m为例,其热害区域分布如图2-14所示:从南北向看,矿井中部温度较低,为一级热害区,而北部和南部地温较高,为二级热害区;从东西向看,呈现东部温度高于西部的特征。总体上,朱集井田地温特征为南北高中部低、东高西低。

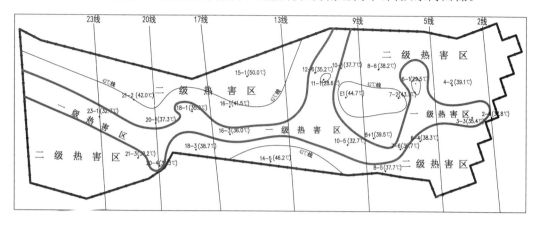

图2-14 朱集东矿－906 m水平热害区域分布图

此外,根据附录A钻孔测温数据,确定31 ℃一级热害区矿井水平标高起止深度为－281.00 m和－919.00 m,平均深度为－552.01 m;37 ℃二级热害区矿井水平标高起止深度为－490.00 m和－1 134.00 m,平均深度为－741.01 m。现今主要工作水平为－906 m和－965 m,可见高温热害问题突出。

2.3.3 主采煤层底板温度分布

由钻孔测温数据汇总附录A可知现今井田主采煤层底板由浅入深地温的分布范围:13-1煤层标高范围为－819.89～－948.57 m,地温分布范围为28.80～48.09 ℃;11-2煤层标高范围为－884.56～－1 020.75 m,地温分布范围为30.49～50.72 ℃;8煤层标高范围为－974.50～－1 116.76 m,地温分布范围为32.67～54.13 ℃;4-1煤层标高范围为－1 043.96～－1 175.91 m,地温分布范围为34.40～57.02 ℃。对各主采煤层温度变化与深度进行拟合,拟合关系式见表2-3,拟合情况如图2-15所示。

表2-3 朱集东煤矿主采煤层底板温度与深度关系拟合

煤层	拟合函数($y=a+bx$)		拟合关系式	R^2
	a	b		
13-1	14.220 75	0.030 56	$T(℃)=14.22+0.030\,56H(m)$	0.022
11-2	15.694 54	0.029 01	$T(℃)=15.69+0.029\,01H(m)$	0.019
8	17.574 60	0.027 31	$T(℃)=17.57+0.027\,31H(m)$	0.015
4-1	17.563 57	0.027 64	$T(℃)=17.56+0.027\,64H(m)$	0.011

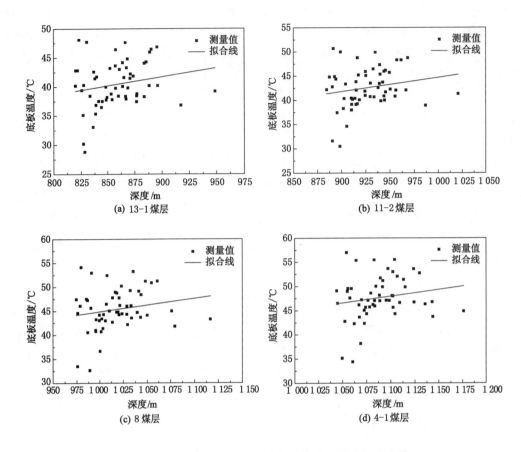

图 2-15　朱集东矿主采煤层底板温度与深度拟合关系曲线

2.4　丁集矿地温分布特征

丁集矿位于淮南市凤台县境内,井田东西长 14.75 km,南北宽 11 km,面积约 95.67 km²,是一座设计产能为 5.0 Mt/a 的现代化矿井,煤层赋存稳定,井田地质储量为 12.79 亿 t,可采储量为 6.4 亿 t。井田地处淮南复向斜中北部,井田东段为潘集背斜西缘,井田西段为陈桥背斜东翼与潘集背斜西缘的衔接带,总体构造为一单斜构造,地层倾斜平缓,呈波状曲线变化,并有发育不均的次级宽缓褶曲和断层,井田东段东部有岩浆岩侵入影响煤层[151]。

丁集煤矿地质勘探期间,共施工测温钻孔 41 个,其中近似稳态测温孔 4 个,简易测温孔 37 个,所有钻孔井温均超过 31 ℃,具体数据汇总与分析见附录 B,共计简易测温孔数据 37 组,按照揭露地层汇总不同地质年代的测温数据见附录 C。对比分析了井田垂直方向、水平方向地温梯度变化情况,不同地质年代地层地温梯度变化规律,以及主采煤层底板温度变化趋势。

其中十六 11 孔、十八 17 孔、二十 6 孔、二十九 3 孔为近似稳态测温孔,所测数据能客观反映地层真实温度,其余大量钻孔测温数据为简易或瞬时测温数据。

2.4.1　垂直方向地温分布

根据地质勘探资料可知恒温带深度为 23.98 m。由附录 B 计算可得:松散层平均厚度为 473.58 m,温度变化范围为 15.00～39.73 ℃,平均温度为 25.93 ℃,地温梯度变化范围为 1.45～5.10 ℃/hm,平均值为 2.62 ℃/hm。全地层地温梯度为 1.95～3.58 ℃/hm,平均值为 2.80 ℃/hm。

选取近似稳态测温钻孔十六 11、十八 17、二十 6、二十九 3,作地温与深度关系曲线和地温梯度与深度关系曲线,如图 2-16 所示,地温梯度求取公式与参数同式(2-1)。

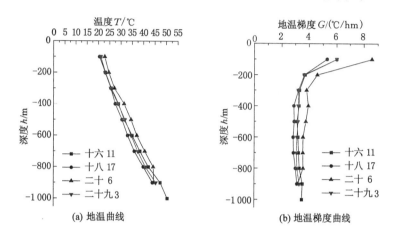

图 2-16　丁集矿测温曲线

由图 2-16(a)可知:丁集矿地温随深度增加呈现明显的递增趋势,且无凹凸和拐点,呈现较好的线性递增,为传导型增温特点。由图 2-16(b)可知:地温梯度随深度增加而递减并趋于一致,在 400 m 以浅,地温梯度分布较离散且逐渐趋小,超过 400 m 深度后,大部分地温梯度均超过 3.0 ℃/hm,属于正地温异常,说明丁集矿总体呈现正异常地温梯度变化趋势,热害较严重。

2.4.2　水平地温分布

根据附录 B 钻孔测温数据,确定 31 ℃一级热害区矿井水平标高起止深度为 −371.17 m 和 −557.23 m,平均值为 −471.24 m;37 ℃二级热害区矿井水平标高起止深度为 −534.29 m 和 −902.72 m,平均值为 −660.39 m。现今主要工作水平已超过 900 m,可见已面临严重的高温热害难题。

同时,按照揭露的地层分别为新生界松散层、上石盒子组、下石盒子组、山西组,汇总形成不同地层钻孔测温数据汇总表,见附录 C。可得到如下结论:

(1)新生界松散层:平均起止深度为 20.00 m 和 501.90 m,平均厚度为 481.90 m,主要岩性为黏土、细砂、砂质黏土、砾石层等。平均起止温度为 16.69 ℃ 和 32.17 ℃。平均地温梯度为 2.62 ℃/hm,矿区中部的二十 13、十六 10、水 12 和 847 钻孔附近地温梯度较高,其中十六 1、二十八 8、水 12、二十 13 和十七 6 的地温梯度均大于 3.0 ℃/hm,分别为 5.10 ℃/hm、3.49 ℃/hm、3.29 ℃/hm、3.16 ℃/hm、3.06 ℃/hm,以这些钻孔地温梯度最高,而四周地温梯度呈缓慢减小趋势,且西北部变化较快。

(2) 上石盒子组:平均起止深度为 507.19 m 和 821.37 m,平均厚度为 314.18 m,主要岩石结构和岩性组成为泥岩、砂质泥岩和粉砂岩。平均起止温度为 32.16 ℃ 和 41.06 ℃,平均地温梯度为 2.88 ℃/hm,大部分大于 2.6 ℃/hm,井田中部地温梯度较小,而其他大部分区域地温梯度均大于 3.0 ℃/hm,整个矿井地温整体呈现较高状态,以十六 4 钻孔地温梯度 3.85 ℃/hm 为峰值。

(3) 下石盒子组:平均起止深度为 728.79 m 和 862.15 m,平均厚度为 133.35 m,主要岩性为泥岩、炭质泥岩、细砂岩和粉砂岩。平均起止温度为 39.21 ℃ 和 44.35 ℃,平均地温梯度为 3.85 ℃/hm,地温梯度异常高,几乎全部大于 3.0 ℃/hm,由东到西从 3.0 ℃/hm 到 5.0 ℃/hm,逐渐升高,于二十八 10 钻孔地温梯度 5.18 ℃/hm 为峰值。

(4) 山西组:平均起止深度为 808.98 m 和 877.25 m,平均厚度为 68.27 m,以泥岩和砂岩为主。平均起止温度为 43.10 ℃ 和 45.50 ℃,平均地温梯度为 3.55 ℃/hm,较上石盒子组有所下降,区内东南部的部分地温梯度较高,大于 3.0 ℃/hm,其中 847 钻孔地温梯度峰值为 6.37 ℃/hm,其余大部分区域地温梯度小于 1.6 ℃/hm,整个矿区自西向东地温梯度逐渐升高,其中二十三 6 钻孔地温梯度仅为 1.45 ℃/hm,属负地温异常。

可见,丁集煤矿由浅到深地温梯度变化规律大致呈现从正常范围逐渐增大的趋势,到山西组时骤然减小;新生界松散层属于正常地温梯度,以深上石盒子组和下石盒子组,即可采煤层的主要地层,其地温梯度较高,且由浅至深越来越高,到山西组时地温梯度又迅速减小。

2.4.3 主采煤层底板温度分布

丁集矿主采煤层为 13 煤层和 11 煤层,从附录 B 钻孔测温汇总可知现今井田主采煤层由浅到深地温分布范围:13 煤层底板标高范围为 −628.26～−1 035.65 m,地温分布范围为 35.51～46.10 ℃;11 煤层底板标高范围为 −724.6～−990.2 m,地温分布范围为 37.20～45.18 ℃。对各采煤层温度变化趋势与深度进行相关系数拟合,拟合关系式见表 2-4,拟合曲线如图 2-17 所示。

表 2-4 丁集煤矿主采煤层底板温度与深度关系拟合

煤层	拟合函数($y=a+bx$)		拟合关系式	R^2
	a	b		
13	21.476 11	0.023 25	$T(℃)=21.48+0.023\ 25H(m)$	0.82
11	26.125 05	0.018 68	$T(℃)=26.13+0.018\ 68H(m)$	0.71

2.5 地温场影响因素分析

地温场受多种因素控制和影响,包括大地构造格局、岩石热物理性质、上部松散层厚度、岩浆岩作用和地下水活动等,分析可知研究区域地温主要影响因素为地质构造,其次为岩性变化,局部受地下水活动影响[152-157]。本节以淮南矿区地温主要影响因素为研究对象,并以朱集东矿、丁集矿为事实例证。

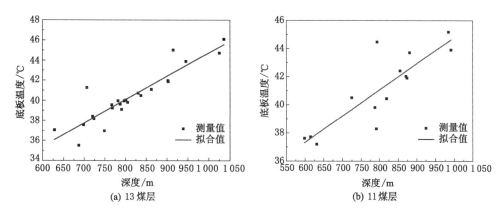

图 2-17 丁集矿主采煤层底板温度与深度关系拟合曲线

2.5.1 地质构造

（1）基底起伏和褶皱

构造运动使地壳发生褶皱和断裂，形成凹陷和隆起，进而导致在水平方向和垂直方向上岩石的热导率均发生变化，热流在岩层中重新分配。比较而言，位于隆起区的古老岩系岩石致密，热导率高，而沉陷区岩石热导率较低，热流因此向隆起区背斜轴部流动，表现为隆起区上部具有较高的地温、地温梯度和热流，凹陷区则相对较低。

如图 2-18 所示，在淮南矿区具体表现为潘集-陈桥背斜对地温场的影响，高温异常区从东至西基本成片且连续分布，这与背斜走向是一致的。地温梯度在背斜轴部区域较高，为 3.5～4.5 ℃/hm，地温梯度顺着背斜走向下降至 3.5～3.0 ℃/hm 以下，如位于背斜轴部的潘一、潘三煤矿地温梯度均超过 3.5 ℃/hm，丁集、顾桥、张集、罗园、新集一、新集二矿位于背斜转折处，其地温梯度也超过 3.0 ℃/hm，而位于背斜两翼的刘庄、口孜、板集和杨庄矿则表现为较低的地温梯度，为 2.5 ℃/hm 左右，详见图 2-5 区内地温梯度分布情况。

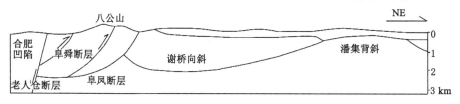

图 2-18 淮南煤田构造示意[147]

所关注的朱集东煤矿，位于潘集背斜北翼，总体为西北走向的宽背斜，南部平行于背斜轴部形成西北走向的尚塘-耿村向斜，矿井东部受潘集背斜和朱集-唐集背斜影响较大，热流向背斜轴部聚集明显，地温从背斜翼部向轴部呈上升趋势，地温梯度逐渐增大，且明显高于正常地段，多处地温梯度大于 3.0 ℃/hm，部分地区大于 3.6 ℃/hm，如 4－2、5－6、6－1、7－4、8＋1、8－2、8－4、9＋1、9－1、10＋1、11－1、11－2、14－4、20－1 等钻孔。而矿井西部受朱集-唐集背斜和尚塘-耿村向斜影响，无高温异常区。因而矿井地温梯度总体表现出东高西低的特点。

所关注的丁集煤矿,位于淮南复向斜中北部,属于潘集背斜中段,向西与潘集-陈桥背斜相接,总体呈单斜构造。地温梯度高值区集中于潘集背斜附近,地温梯度等值线在背斜构造影响区最高值的南北方向均表现出较好的平行特征,且远离背斜构造区域的地温梯度值呈降低趋势,这是因为潘集背斜轴部向上凸起,上部有较厚的第四系松散层盖层,较大差异的热导率使得该区域具有较高地温和地温梯度。具体表现为:位于潘集背斜西部的 847 和 8414 钻孔,地温梯度较高,而位于背斜翼部的二十四 5 和二十二 11 钻孔地温梯度较前者低,反映了背斜中部地温梯度高于翼部的特点。

(2)断层

断层既可以阻绝热流传递,又可以促进热流转移,进而影响背斜构造形成的高温区域,同时可能成为地下水和岩浆岩入侵的通道,为此在断层附近常出现高低温异常的区域。淮南矿区内最主要的是阜阳-风台推覆构造,形成由南向北推挤作用,同时构成两翼对冲推覆格局,发育着区域性走向的逆断层。推覆构造中的矿井有罗园、新集一、新集二、新庄孜和谢一等矿。具体表现为:新集一、新集二矿出现高温异常,地温梯度高达 3.4 ℃/hm,而罗园、新庄孜、谢一矿由于位于叠瓦状夹块中,大量高角度断层发育,抬升煤系地层,上部地层受地面剥蚀而散去大量地温,致使地温梯度逐渐减小,地温偏低,并于谢一矿出现低温异常区。而位于推覆体中部的新集矿,由于老地层自南向北推覆形成"保温盖"效果,出现高温异常区。

对于所关注的朱集东煤矿,断层带成为深部热流向上的通道,表现为断层及其附近地温较高,地温梯度也较大,如 4-2、7-9、8-4、9+1、10-1、12-1、14-1、15-1、21-2 等钻孔皆处于断层带,其地温与地温梯度明显高于正常地段。

2.5.2 岩石热物理性质

(1)岩石热导率

不同的岩石热导率不同,热传导性能差异明显,其中以砂岩的热导率最高,泥岩其次,煤最低。就淮南矿区而言,上部新生界地层由低热导率的细砂、黏土和砾石等组成,下部二叠系煤系地层以高热导率的砂岩和泥岩为主。由此造成浅部低热导率岩层形成有"保温盖"效果的覆盖层,阻碍热流传导和热量散失,在淮南矿区表现为埋深 400 m 以浅地温梯度明显较高,而具有较好热传导性能的深部煤系地层使热流迅速传递,表现为地温梯度随深度增加而降低。此外,由于煤具有极低的热导率,煤层往往是较高的增温地段。

如图 2-13(b)和图 2-16(b)所示,地温梯度值随深度变化关系均表明浅部的低热导率岩石阻碍了热量传递,致使地温梯度明显高于深部的高热导率岩层。徐胜平[18]将两淮矿区煤田的井温曲线划分为全孔缓斜型、上缓下缓中间陡变型和多变型三种,因为不同岩性热导率不同以及是否含水等而致使井温曲线局部异常。

(2)松散层厚度

低热导率的松散层能够重新分配深部传递的热流,既具有保温作用,又由于含有一定的生热元素而具有增温功能。就淮南矿区而言,松散层的厚度与地温呈正相关关系,相同地质条件下,松散层厚度较大的地区地温梯度一般较高。矿区松散层厚度均值为 370.21 m,总体介于 10.15~800.90 m,呈现东厚西薄、北厚南薄的特征。东部潘集矿和朱集矿厚度在 400 m 以内,东南部谢一矿最薄,均厚仅为 24.92 m,向西逐渐递增,于丁集、顾桥矿递增至

500 m,西部口孜矿厚度最大,口孜西和口孜东矿厚度分别为 727.35 m 和 601.06 m。

因此,根据上述松散层厚度分布情况,最薄的谢一矿出现了淮南矿区唯一的低地温异常区,其由于受阜阳-凤台推覆构造影响地层被抬升,上部覆盖层剥蚀严重,造成松散层较薄,地温失去保温空间而易散热,进而出现地温负异常。参见图 2-6(a),随着松散层厚度由东向西逐渐增大,地温梯度于谢一矿最低,至朱集矿、丁集矿、顾桥矿等矿逐渐增大。同样参见图 2-6(b),松散层由南部最薄的谢一矿向北至新集矿、口孜矿、顾桥矿、丁集矿等矿厚度增大,地温逐渐升高。

2.5.3　岩浆岩活动

淮南矿区由于距受到全新岩浆入侵年代相对较远,因而岩浆岩影响极小。但是由于部分地区上部覆盖层较厚,仍有少部分岩浆残余热量保存,造成局部地温异常。

对于朱集东矿,大部分区域均受岩浆岩侵蚀,但其距侵入年代较远,残余热量基本已经发散完。而地质资料显示依然有部分钻孔数据可以体现岩浆岩侵入对地温和地温梯度的影响,如 13-1 煤层遭受岩浆岩侵入的 10－1、11－1、12－1 钻孔;8 煤层遭受岩浆岩侵入的 12－3、13－2－1、14－4、16－1、15+1 钻孔;4－1 煤层遭受岩浆岩侵入的 9－1、9－2、8+1、10－3、11－1、12－1、12－3、13－2－1、14－1 钻孔,其地温与地温梯度明显高于正常地段。

同样,丁集煤矿也出现相似的现象,岩浆岩侵入部位主要分布于矿区东北部,矿区地温分布呈现由北至西南逐渐减小,东北部局部高温异常也可能与岩浆岩的侵入有关。

2.5.4　地下水

地下水由于具有易流动、热容量大等特点,对围岩起到增温、恒温和降温作用。配合断裂裂隙带成为深部高温热水向上运移的通道,一般而言,地下水的垂直运动较水平运动对岩层温度场的影响更大。

对于朱集东煤矿,内有多条落差大、延伸长的正断层,深部高承压热水沿断裂裂隙向上运移,致使在断裂通道附近形成高温异常区,地温梯度随之增大。再比如丁集矿,由于发育着西北向断裂,成为深部高压岩溶水向上部运动的通道,从而释放热量使岩温升高。图 2-19 所示钻孔测温数据表明在埋深为 700 m 的中深部地温偏高,达到 37 ℃[18]。另外,淮南矿区在勘探期间多次发现高温热水,尤其在潘集矿区,潘三矿甚至发现温度高达 46 ℃

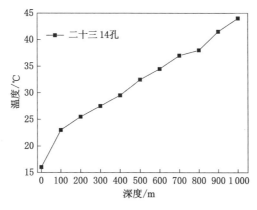

图 2-19　丁集矿典型钻孔受地下水影响深度与温度的关系曲线[18]

的热水。随着开采深度的不断增加，由深部高温地下水活动引起的地温异常日益突出。

除此之外，井温还受地面季节气候影响。淮南地区夏季炎热，温度、湿度变化较大，由地面导入井下，气温也高。据朱集东矿技术人员统计测算，夏季七、八月份通往综采面运输巷道的进风温度为30℃，湿度为95%，进风量为2 500～3 000 m³/min，在无降温措施条件下，回采面起点至末端温度由31℃逐渐升高至34℃，湿度达96%～100%；综掘工作面设计供风量为900～1 000 m³/min，综掘工作面起点至末端温度由30.5℃逐渐升高至33℃，湿度达96%～100%。可见季节性气候对井下温湿环境的影响较大。

2.6　本章小结

以淮南矿区为工程背景，概述其水文地质情况，分析其总体地温分布、井温、巷道岩温、地温梯度等，以典型矿井朱集东矿、丁集矿为研究对象，讨论其垂直方向、水平方向、主采煤层温度分布特征，最后完成各主要因素对地温分布影响的分析。

（1）淮南矿区地温分布概况：矿区总体地温梯度介于1.7～4.8℃/hm，集中在3.0～3.5℃/hm，平均地温梯度为3.0℃/hm，呈现较高的地热状态，高温异常区分布广；各矿井主要巷道风温大于31℃，测点温度多数超过37℃；地温随深度增加而增大，−500 m水平高温区地温大于30℃，−1 000 m水平地温为24.0～53.75℃，大部分井田地温达40℃，局部井田地温超过45℃；−2 000 m水平地温变化范围为32.00～101.35℃，潘集、顾桥、丁集、新集井田地温超过80℃。

（2）朱集东矿地温分布特征：地温随深度增加呈明显递增趋势，具有较好的线性递增规律，全地层地温梯度为1.7～3.6℃/hm，平均值为2.60℃/hm，原岩温度超过31℃一级热害区平均深度为−552.01 m，超过37℃二级热害区平均深度为−741.01 m，现今主要工作水平为−906 m和−965 m，大部分处于一级热害区，部分巷道处于二级热害区，进一步开发的−1 070 m和−1 200 m水平绝大部分处于二级热害区。

（3）丁集煤矿地温分布特征：地温与深度呈较好的线性关系，全地层地温梯度为1.95～3.58℃/hm，平均值为2.80℃/hm，原岩温度超过31℃一级热害区平均深度为−471.24 m，超过37℃二级热害区平均深度为−660.39 m，现今主要工作水平超过−900 m，面临严重的高温热害问题。

（4）地温分布影响因素分析：讨论了地质构造（基底起伏和褶皱、断层）、岩石热物理性质（岩石热导率、松散层厚度）、岩浆岩活动、地下水以及地面天气季节性变化等对地温和井下风温的影响，着重对朱集东矿、丁集矿进行了分析。

3 深部高温巷道主动隔热机理研究

矿井热环境是指人类在地下采矿工程中所处的自然环境和生产环境,如地热地质环境、大气环境、井下作业空间以及生产系统等。研究目的是探明采矿工程活动与其环境作用的规律,以及环境对采矿工程的影响,为矿井热环境控制提供依据[158]。本章从矿井热环境中最基本的井下热源与热湿环境交换机理出发,提出适用于深部高温巷道的主动隔热机理,并在此基础上提出隔热喷层、隔热喷注层以构建主动隔热模型,利用轻集料水泥基类材料封闭岩面隔绝热源,讨论了主动隔热结构模型的工作模式。

3.1 矿井热源放热量分析

矿井热源是指在井巷环境中对风流加热或吸热的载热体,主要包括井巷围岩、矿岩运输、机电设备以及矿井水等。按照不同分类方法可将热源分为相对热源和绝对热源。围岩、矿井水等,其放热量或吸热量取决于风流温度,称为相对热源;而机电设备、氧化物等放热量或吸热量不受风温影响,称为绝对热源。按空间尺度分为点源、线源和面源;按热交换时间分为连续源、间断源和瞬时源。

本书按照传统的热量来源计算各热源放热量。

（1）井巷围岩放热

大量观测资料表明围岩原始温度高是造成矿井高温的最主要原因。温度梯度与矿井深度决定岩体具体温度值,地温梯度主要受岩石导热系数与大地热流值的影响。深部裂隙水通过热传导和对流方式使热量进入井巷,巷道内部空气与岩壁热交换致使温度升高。其放热量 Q_{gu}(kW)按下式计算:

$$Q_{gu} = k_\tau LU(t_{gu} - t_B) \tag{3-1}$$

式中　k_τ——围岩与风流间不稳定传热系数,表示围岩深部未冷却岩体与风流间温差为1 ℃时,单位时间内从巷道 1 m² 的壁面上向风流释放出或吸收的热量,W/(m²·K);

L,U——巷道的长度和周长,m;

t_{gu}——井巷围岩的初始温度,℃;

t_B——巷道中风流的平均温度,℃。

袁亮[159]以潘三矿为例,列举了各种热源所占总放热量的比例(图3-1),可见围岩放热量占矿井热源的 40% 以上。为此,众多学者开展了煤田地温场和岩石热物理性质的研究,为预测井下不同深度处的温度提供基础数据。早年原中国科学院地质研究所(现更名为中国科学院地质与地球物理研究所)地热室与原煤炭工业部合作,先后对开滦矿、兖州东滩矿和平顶山矿务局等就井下矿山地热展开研究。近年来,安徽理工大学的学者具体调查了淮南矿区朱集矿[160]、丁集矿[161]、潘三矿[162]、潘集矿[163]、顾桥矿[164]以及宿县矿区[165]、涡阳矿区[166]的地温分布特征;徐胜平[18]以两淮煤田为背景,研究其地温场分布特征,包括井温、地温梯度、煤系岩石热物理性质等;郭平业[17]根据我国煤田不同深度温度场分布数据,把我国东部矿区分为北区、中区和南区,同时提出了热害控制模式。

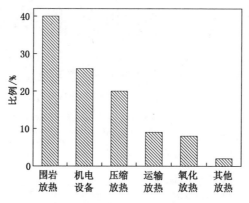

图 3-1　潘三矿各种热源所占比例[159]

（2）机电设备放热

重型化、自动化、机械化等大型采掘运输、机电设备应用于井下成为现代矿井的发展趋势,机电设备运转时放热导致风流温度升高已成为不可忽视的问题。众多机械化设备中以采掘机械和提升设备的放热量较大。

对于采掘机械工作放热:观测表明 80% 的热量传给风流,剩余热量被传输的矿岩带走,在风流吸收的热量中有 75%～90% 以潜热的形式(水分蒸发)传递,由此可得计算式:

$$Q_{cj} = 0.8 k_{cj} N_{cj} \qquad (3-2)$$

式中　Q_{cj}——采掘机械放热量,kW;

　　　k_{cj}——设备的时间利用系数,为 24 除以每日实际工作时间(小时);

　　　N_{cj}——采掘机械电机消耗的功率,kW。

对于提升设备运转放热:一部分能量对提升的物料增大位能做有用功,另一部分以热能的形式散失,因此可得计算式:

$$Q_t = (1 - \eta_t) k_t N_t \qquad (3-3)$$

式中　Q_t——提升设备放热量,kW;

　　　η_t——提升设备工作效率;

　　　k_t——设备时间利用系数;

　　　N_t——设备功率,kW。

（3）空气压缩放热

空气压缩放热指空气在重力作用下发生位能转化时的升温现象,按照定义并无外界能量影响,但随着矿井深度递增,空气受压随之增大,位能转化为焓致使温度升高。深部矿井引起的温度升高是不容忽视的。

当空气沿井筒向下流动发生自压缩时,压力和温度均有所上升。假设其发生"绝热压缩",即风流同外界不发生热换湿交换,且无风速改变,则根据能量守恒定律,风流在自压缩过程中焓增量 Δi(kJ/kg)与风流前、后状态标高差呈正比,即

$$\Delta i = i_2 - i_1 = g(Z_1 - Z_2) \tag{3-4}$$

对于理想气体,有:

$$i_2 - i_1 = c_p(t_2 - t_1) \tag{3-5}$$

由此可见风流由于自压缩而引起的热增量 ΔQ_p(kW)和温升 Δt(℃)为:

$$\Delta Q_p = M_B \Delta i = M_B c_p(t_2 - t_1) = M_B g(Z_1 - Z_2) \tag{3-6}$$

$$\Delta t = t_2 - t_1 = g(Z_1 - Z_2)/c_p \tag{3-7}$$

式中　Δi——风流在自压缩过程中的焓增量,kJ/kg。

　　i_1, i_2——井巷始、终端风流比焓,kJ/kg。

　　Z_1, Z_2——井巷始、终端距基准面标高,m。

　　c_p——空气的比定压热容,取 1.005 kJ/(kg·℃)。

　　t_1, t_2——井巷始、终端温度,℃。

　　M_B——风量,$M_B = V_B\rho$,kg/s,其中 V_B 为容积风量,m³/g;ρ 为空气密度,kg/m³。

　　g——重力加速度,取 9.8 m/s²。

由式(3-7)可知:当风流从下向上流动时,由于膨胀效应,风流处于冷却降温过程中,计算得到风流垂直向下流动 100 m 时的温升 Δt 为:

$$\Delta t = 0.009\ 81 \times 100/1.005 = 0.976\ (℃)$$

但是实际上风流向下流动是一个换热加湿过程,并非"绝热压缩",尤其井壁水分蒸发需要吸收大量热量,一部分来自围岩放热,其余来自风流的自压缩热。故风流对井筒温度的提升影响较小,一般仅为 0.5~0.8 ℃,而在高温季节,风流向下流动往往表现为对井筒的降温作用。实际也常采用如下经验公式:

$$\Delta Q_p = 0.976 M_B(273 + t_1)\left[\left(1 + \frac{0.012\ 4\Delta H}{101.33 + 0.012\ 4H_1}\right)^{0.286} - 1\right] \tag{3-8}$$

式中　M_B——风量,kg/s;

　　t_1——井巷始端风流温度,℃;

　　ΔH——风流向下流动的垂直深度,m;

　　H_1——井巷始端标高,m。

（4）运输放热

井巷运输的矿岩等同风流发生热交换,其换热强度取决于矿岩与风流的温差、运输线路长度和运输量。据测定,在高产工作面的长距离运输巷道中,这种放热量可达 230 kW 或更高。其放热量 Q_k 可按式(3-9)计算:

$$Q_k = G_k c_k \Delta t \tag{3-9}$$

式中　G_k——运输中矿岩量,kg/s。

　　c_k——运输中矿岩平均比热容,约 1.25 kJ/(kg·℃)。

　　Δt——矿岩与空气的温差,℃,由试验确定或采用公式 $\Delta t = 0.002\ 4L^{0.8}(t_k - t_{fm})$ 计算:L 为运输距离,m;t_k 为运输中矿岩均温,℃;t_{fm} 为运输风流平均湿球温度,℃。

（5）氧化放热

井巷内诸如矿物、坑木、油垢等有机物氧化也会产生热量,放热量与物质成分、含水率和空气接触情况等相关。对于含有硫化物的矿山,若发生氧化提升温度至自燃点发生自燃,会造成巨大的人员伤亡和经济损失。但是有些研究者注意到硫化矿放热是一个变化过程,在开采或掘进巷道前期,硫化矿与空气中氧气接触发生氧化反应并放出热量,经过一定时间后氧化反应完成,矿岩表面形成氧化膜,这层膜能够抑制围岩内部热量散发[31]。其热量 Q_0 计算公式为:

$$Q_0 = 0.7q_0 v_B^2 UL \quad \text{或} \quad Q_0 = q_0 UL \tag{3-10}$$

式中　q_0——巷道风速为 1 m/s 时氧化的单位放热量,kW/m^2;

　　　v_B——巷道内风速,m/s。

(6) 矿井水放热

矿井热水主要来自地下涌水、裂隙水、断层渗水和淋水,其通过对流的形式将热量传递给井巷内风流,不仅提高风流温度,还会提高风流湿度以增加潜热,且水比热容大、易流动,是热量的良好载体,其放热量主要取决于水温、水量和排水方式,其放热量 Q_w 为:

$$Q_w = M_w c_w (t_{wH} - t_{wk}) \tag{3-11}$$

式中　M_w——矿井内的涌水量,kg/s;

　　　c_w——水比热容,取 4.186 8 kJ/(kg·℃);

　　　t_{wH},t_{wk}——水初始、最终温度,℃。

一般情况下,矿井涌水温度是比较稳定的,由于涌水放热而使流经巷道风流增热量 Q_{wB} 为:

$$Q_{wB} = M_B c_p (t_{Bk} - t_{BH}) \tag{3-12}$$

但是,水与风流在换热的同时引起水分蒸发和凝结,因此在计算涌水放热量时还必须考虑潜热交换。为此,有另一种考虑风流与热水换热时包括显热和潜热两个部分的建议公式:

$$Q_w = Q_x + Q_L = [\alpha(t - t_b) + r\sigma(d - d_b)]A \tag{3-13}$$

式中　Q_w——水和空气总热交换量,W;

　　　Q_x——水和空气显热交换量,W;

　　　Q_L——水和空气潜热交换量,W;

　　　t——空气温度,℃;

　　　t_b——边界层内空气温度,℃;

　　　α——水和空气显热交换系数,$W/(m^2 \cdot ℃)$;

　　　r——水气化潜热,J/kg;

　　　σ——水和空气传质系数,$kg/(m^2 \cdot s)$;

　　　A——水和空气接触表面积,m^2;

　　　d——周围空气含湿量;

　　　d_b——边界层内空气含湿量。

(7) 大气环境影响

矿井内空气来自地面大气,地面大气变化必然引起矿井内空气变化。研究表明:地面大气季节性变化比日变化对矿井的影响大得多,故利用地表大气温度变化对井下热环境进行调节是实现矿井降温的经济实用的重要途径。易欣等[167]提出矿井季节性热害概念,根据矿井热害程度分类,选择合适的降温方法。而大量数据表明:井下冬、夏季温差为 2.0～3.8 ℃,

可见矿井内风流温度受地面大气和季节性影响很小,其随着进风线路加长逐渐降低,对矿井回风影响最小。

(8) 其他局部热源放热

该类热源属于突发性热源,其放热量很小,列举如下:

① 火药爆炸放热,可用式(3-14)计算放热量 Q_b。一般在井下作业地点爆炸 100 kg 火药以下时,其爆炸放热量可忽略不计。

$$Q_b = 0.14G_h \tag{3-14}$$

式中 G_h——作业地点每班火药量,kg。

② 水泥水化放热,一般硅酸盐水泥为低水化热,矿渣水泥为高水化热,可用式(3-15)计算放热量 Q_s。

$$Q_s = q_s UL \tag{3-15}$$

式中 q_s——水泥水化时单位面积放热量,混凝土砌碹时为 $0.015\sim0.016$ kW/m²,锚喷时为 $0.007\,25\sim0.015\,4$ kW/m²;

L、U——一个循环混凝土砌碹的长度和周长,m。

③ 人体放热,是指矿工在作业时其身体的放热量,主要取决于劳动强度和持续作业时间。矿工在劳动时的放热量 Q_R 可用式(3-16)近似计算。

$$Q_R = k_R q_R N \tag{3-16}$$

式中 k_R——矿工工作系数,一般为 $0.5\sim0.7$;

q_R——人体能量代谢量,不同劳动强度时取值不同,具体参见表 3-1;

N——作业地点总人数。

表 3-1 不同劳动强度时的能量代谢量

人体状态	休息	轻度劳动	中等劳动	繁重劳动
能量代谢量 q_R/(W/人)	$90\sim115$	250	275	470

3.2 深部高温巷道主动隔热机理

由上述分析可知:井巷热湿环境主要受地质环境影响,围岩放热量占井巷总热量的 40% 以上,因此,以巷道围岩温度场控制为研究对象,针对巷道围岩温度场,建立巷道热传导模型,进一步提出控制井巷热环境的主动隔热模型。

3.2.1 巷道围岩温度场

新掘井巷受通风影响,巷道周边围岩温度场发生变化,而围岩原岩对井巷风流发生热对流,致使井巷风流温度变化,井巷风流与围岩的热交换取决于两者的温度差,因此在井巷围岩中形成了一个具有厚度的温度变化带,称为围岩调热圈。

井巷围岩调热圈的厚度主要取决于通风时间和围岩岩性。据测试,围岩调热圈厚度一般为 $15\sim40$ m,其中砂岩为 $10\sim20$ m,页岩为 $8\sim10$ m,煤为 $3\sim5$ m。大量观测资料显示井巷调热圈厚度一般在通风 3 年之后趋于稳定[158]。同时,由于在井巷掘进过程中通风时间较短,特别是掘进迎头,风流对围岩温度的影响深度很浅,因此可以通过浅钻孔或炮眼测试初始岩温。理论研究表明钻孔 x 轴上的热传导微分方程为:

$$\frac{\partial t(x,\tau)}{\partial \tau} = a \frac{\partial^2 t(x,\tau)}{\partial x^2} \tag{3-17}$$

式中　$t(x,\tau)$——钻孔深 x 处通风时间为 τ 时的岩温,℃;

　　　τ——通风时间,s;

　　　a——岩石导温系数,$\mathrm{m^2/s}$。

利用初始条件 $[\tau = 0, t_{gu} = t(x,\tau); \tau > 0, x = 0, t(x,\tau) = t_0]$,解微分方程式(3-17)得:

$$\begin{cases} \dfrac{t(x,\tau) - t_u}{t_0 - t_{gu}} = \mathrm{erfc}\,\dfrac{x}{2\sqrt{a\tau}} \\[2mm] \mathrm{erfc}(x) = 1 - \mathrm{erfc}(x) = \dfrac{2}{\sqrt{\pi}} \int_x^\infty \mathrm{e}^{-\xi^2}\,\mathrm{d}\xi \\[2mm] t(x,\tau) = \mathrm{erfc}\,\dfrac{x}{2\sqrt{a\pi}}(t_0 - t_{gu}) + t_{gu} \end{cases} \tag{3-18}$$

根据相关研究可得到测定井巷围岩原始温度的钻孔深度计算式如下:

$$x = 3.46\sqrt{a\tau} \tag{3-19}$$

因此,若巷道围岩为砂岩,$a = 0.099\,7 \times 10^{-5}\ \mathrm{m^2/s}$,则可计算出通风时间内所测得原始岩温的钻孔深度,具体见表3-2。

表 3-2　通风时间内所测得原始岩温的钻孔深度

通风时间/d	1	30	60	90	180	300	365	730
钻孔深度/m	1.0	5.6	7.9	9.6	13.6	17.6	19.4	27.4

3.2.2　巷道围岩热传导模型

3.2.2.1　巷道围岩热传导

为便于分析,假设巷道为一无限长的空心圆柱体,且岩体是均质、各向同性的,则围岩热传导微分方程为:

$$\frac{\partial t(R\tau)}{\partial \tau} = \alpha \left[\frac{\partial^2 t(R\tau)}{\partial R^2} + \frac{1}{R} + \frac{\partial t(R\tau)}{\partial R} \right] \tag{3-20}$$

初始条件:

$$\tau = 0, R_0 < R < \infty, t(R\tau) = t_{gu}$$

式中　τ——巷道通风时间,s。

边界条件:

$$R = R_0, \frac{\partial t(R\tau)}{\partial R} = \frac{\alpha}{\lambda}(t_0 - t_B)$$

式中　t_0——巷道壁温度,℃;

　　　t_B——巷道中风温,℃。

从围岩深处传导出来的热量等于巷道壁传向风流的放热量,在上述条件下解微分方程

式(3-20),得出任意通风时间 τ 在巷道中心距围岩任一深度 R 处的岩温为:

$$t(R,\tau) = t_{gu} - \frac{\frac{\alpha}{\lambda}(t_{gu} - t_B)}{\frac{\alpha}{\lambda} + \frac{1}{2R_0}}\sqrt{\frac{R_0}{R}}\left\{\operatorname{erfc}\left(\frac{R - R_0}{2\sqrt{a\tau}}\right) - \frac{\exp\left[-\frac{(R - R_0)^2}{4a\tau}\right]}{\sqrt{\pi a\tau}\left(\frac{a}{\lambda} + \frac{1}{2R_0}\right)}\right\} \qquad (3\text{-}21)$$

则 $R = R_0$ 时,式(3-21)变为计算巷壁温度的公式:

$$t_0 = t_{gu} - \frac{\frac{a}{\lambda}(t_{gu} - t_B)}{\frac{a}{\lambda} + \frac{1}{2R_0}}\left[1 - \frac{1}{\sqrt{\pi a\tau}\left(\frac{a}{\lambda} + \frac{1}{2R_0}\right)}\right] \qquad (3\text{-}22)$$

式中　t_{gu}——井巷围岩初始温度,℃;

　　　t_B——巷道中风流平均温度,℃;

　　　α——风流放热系数,W/(m²·℃);

　　　λ——岩体热导率,W/(m²·℃);

　　　$R_0 = 0.564\sqrt{f}$,f 为巷道断面面积,m²;

　　　a——岩石导温系数,m²/s。

式(3-21)就是巷道围岩与风流的热传导方程,若能确定巷道不同通风时间和自然状态下围岩与风流的不稳定换热系数,根据式(3-21)和式(3-22)可计算巷道风流温度。

3.2.2.2 巷道围岩放热量(或吸热量)计算

根据井巷围岩放热量(或吸热量)计算式 $Q_{gu} = k_\tau LU(t_{gu} - t_B)$,其中 k_τ 为不稳定换热系数,指围岩深部未冷却岩体与风流温差为 1 ℃时单位时间内从巷道 1 m² 的壁面上向风流放出(或吸收)的热量,单位为 W/(m²·℃),定义式为:

$$k_\tau = k_{u\tau}\frac{\lambda}{R_0} \qquad (3\text{-}23)$$

式中　$k_{u\tau}$——基尔皮切夫不稳定换热系数,无因次,$k_{u\tau} = f(Fo, Bi)$。

$$k_{u\tau} = \frac{k_\tau R_0}{\lambda} = \frac{1 + 0.4\sqrt[0.4]{Fo}}{1.77\sqrt{Fo} + \frac{1}{Bi}} \qquad (3\text{-}24)$$

式中　Fo——傅立叶系数,$Fo = a\tau/R_0^2$;

　　　Bi——比欧数,$Bi = \alpha R_0/\lambda$。

根据 Щербанв 矿井交换理论推导出的不稳定换热系数有以下计算方法。

(1) 通风时间小于 1 a 的巷道

$$k_\tau = \alpha[1 - (Bi/Bi')]f(Z) \qquad (3\text{-}25)$$
$$Bi' = Bi + 0.375$$
$$Z = Bi'\sqrt{Fo}$$

式中　Bi'——调整的比欧数。

$f(Z)$ 取值可参考文献[158]取用,Z 值在 0~200 之间,$f(Z)$ 值相应在 0~0.997 1 之间。

巷道壁有强烈水分蒸发时,可用式(3-26)计算。

$$k_\tau = (\lambda/R_0)\left(0.375 + \frac{R_0}{\sqrt{\pi a\tau}}\right) \qquad (3\text{-}26)$$

（2）通风时间为 $1\sim10$ a 的巷道

$$k_{u\tau} = CFo^n \tag{3-27}$$

当 $Fo=0.5\sim25, Bi=0.5\sim25$ 时：

$$k_{u\tau} = 0.5Fo^{0.2}Bi^{0.15} \tag{3-28}$$

当 $Fo=10\sim500, Bi>25$ 时：

$$k_{u\tau} = 0.8Fo^{0.21} \tag{3-29}$$

$$k_\tau = \frac{1}{1+\frac{\lambda}{2\alpha R_0}}\left[\frac{1}{2R_0} + \frac{b}{2\sqrt{\tau}\left(1+\frac{\lambda}{2\alpha R_0}\right)}\right] \tag{3-30}$$

当巷道壁有强烈水分蒸发时：

$$k_\tau = \frac{\lambda}{2R_0} + \frac{b}{2\sqrt{\tau}} \tag{3-31}$$

（3）通风时间为 $10\sim50$ a 的巷道

$$k_\tau = 0.5\frac{\lambda^{0.65}(c\rho)^{0.2}\alpha^{0.15}}{R_0^{0.45}\tau^{0.2}} \tag{3-32}$$

当巷道壁有强烈水分蒸发时：

$$k_\tau = 0.8\frac{\lambda^{0.8}(c\rho)^{0.2}\alpha^{0.15}}{R_0^{0.6}\tau^{0.2}} \tag{3-33}$$

相关学者对 k_τ 的实测值与按照式(3-30)所得计算值进行比较,分析了新汶孙村矿、梧桐庄矿、合山里兰矿、淮南九龙岗矿、丰城建新矿、北票台吉矿数个矿区测点,平均误差分别为 0.989 W/(m²·℃)、0.415 W/(m²·℃)、3.608 W/(m²·℃)、2.880 W/(m²·℃)、1.243 W/(m²·℃)、2.525 W/(m²·℃)[158]。

3.2.2.3　巷道壁向风流放热系数

巷道表面与风流间的换热过程属于流体与固体接触的对流换热过程,其影响因素众多且复杂,一般所传递的热量是放热表面形状系数 φ、尺寸 l、换热表面温度 t_0、换热面积 s、流速 v、流体温度 t_B、热导率 λ、比热容 c 密度 ρ、动力黏度 μ、体积膨胀系数 β 等量的函数,即

$$Q = f(\varphi, l, t_0, s, v, t_B, c, \rho, \mu, \beta, \cdots) \tag{3-34}$$

可见,对流换热相当复杂,各国学者也做了大量工作,此处引用乌克兰国家科学院工程热物理研究所院士通过试验得出的巷道壁对风流的放热系数综合关系式：

$$Nu = 0.019\,5\varepsilon Re^{0.8} \tag{3-35}$$

式中　Nu——努塞尔数, $Nu = \alpha d/\lambda$;

$\quad\quad Re$——雷诺数, $Re = v_B/v$;

$\quad\quad d$——巷道直径, $d = 4f/U$, m;

$\quad\quad \lambda$——平均温度下风流热导率;

$\quad\quad v$——平均温度下的运动黏度系数;

$\quad\quad v_B$——风速, m/s;

$\quad\quad \varepsilon$——巷道壁粗糙系数;

$\quad\quad f$——巷道断面面积, m²;

$\quad\quad U$——巷道周长, m。

因此,巷道壁对风流的放热系数为:

$$\alpha = \frac{Nu\lambda}{d} = 0.019\,5\varepsilon Re^{0.8}\frac{\lambda}{d} = 0.019\,5\varepsilon\left(\frac{v_{\mathrm{B}}d}{v}\right)^{0.8}\frac{\lambda}{d} \tag{3-36}$$

当空气温度为 25 ℃ 时,$\lambda = 0.026\,3$ W/(m² · ℃),$\mu = 18.575 \times 10^{-5}$ kg/ms,$v = \mu/\rho$,则式(3-36)可变为:

$$\alpha = 3.885\varepsilon\frac{v_{\mathrm{B}}^{0.8}\rho^{0.8}U^{0.2}}{f^{0.2}} \tag{3-37}$$

由于 $v_{\mathrm{B}} = M_{\mathrm{B}}/(\rho f)$,故式(3-37)可变为:

$$\alpha = 3.885\varepsilon\frac{M_{\mathrm{B}}^{0.8}U^{0.2}}{f} \tag{3-38}$$

式中 M_{B}——流过巷道的风量,kg/s。

分析可知放热系数主要取决于风速和巷道壁面情况,故将式(3-37)简写为:

$$\alpha = 3.885\varepsilon v_{\mathrm{B}}^{0.8} \tag{3-39}$$

对于不同巷道及壁面状况,ε 取值见表 3-3。

表 3-3 不同巷道及壁面状况时的 ε 取值

巷道及壁面状况	光滑壁	运输大巷	运输平巷	锚喷巷道	有支柱巷道	回采面
ε	1.00	1.00~1.65	1.65~2.50	1.65~1.75	2.20~3.10	2.50~3.10

至此可确定巷道风流放热系数,代入换热系数经验公式,则可进一步确定围岩放热量,确定巷道围岩热传导规律。

3.2.3 巷道主动隔热模型

巷道主动隔热是指在开挖后采用隔热材料进行支护,围岩的高温热源以热传导方式传递至巷道壁面,热量被隔热结构有效阻隔,降低了巷道壁面热量,而巷道壁面与空气以热对流和辐射的方式进行热传递。

由上述分析可知:井巷围岩与风流之间的热传递过程是一个极为复杂的不稳定传热过程。岩体开挖通风后,原岩温度遭到破坏,深部高温岩体热量逐渐被巷道风流带走,岩体温度不断降低直至平衡。主动隔热模型的关键在于增加了主动隔热层,概述为两种情况,分别为:施作隔热喷层构建巷道主动隔热模型,如图 3-2(a)所示;施作隔热喷浆、注浆层构建主动隔热模型,如图 3-2(b)所示。其能有效阻止围岩向巷道壁面的热传导,大幅减小巷道风流热量对围岩温度场的影响,从源头上阻绝热源,因此称为主动隔热。

围岩放热量根据(3-1)计算,主动隔热模型巷道的围岩放热量与之相同,可转化为:

$$Q'_{\mathrm{gu}} = k'_{\tau}LU(t'_{\mathrm{gu}} - t_{\mathrm{B}}) \tag{3-40}$$

式中 Q'_{gu}——巷道主动隔热模型中围岩的热传递量,W;

  k'_{τ}——隔热层换热系数,W/(m² · K);

  t'_{gu}——隔热层外边界岩层温度,℃。

由于主动隔热层的导热系数较一般岩石的小得多,理想状态下为一般岩石的导热系数的 1/10~1/30,故不稳定换热系数 k'_{τ} 可按式(3-41)计算。

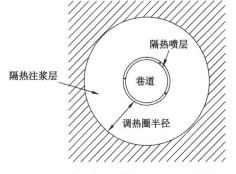

(a) 隔热喷层构建巷道主动隔热模型　　**(b) 隔热喷浆、注浆层构建巷道主动隔热模型**

图 3-2　巷道主动隔热模型

$$k'_{\tau} = p\frac{\lambda'}{\lambda}\delta k_{\tau} \tag{3-41}$$

式中　p——调整系数，取 $0.6\sim1.0$；

　　　δ——隔热层厚度，m；

　　　λ'，λ——隔热层和岩层的导热系数，W/(m·K)；

　　　$k'_{\tau}k_{\tau}$——隔热层和岩层不稳定换热系数，W/(m²·K)。

因此，主动隔热模型围岩放热量减少量为：

$$\Delta Q_{gu} = Q_{gu} - Q'_{gu} = k_{\tau}LU(t_{gu}-t_B) - k'_{\tau}LU(t'_{gu}-t_B) \tag{3-42}$$

主动隔热模型围岩放热量减少率为：

$$P_{gu} = \frac{\Delta Q_{gu}}{Q_{gu}} \times 100\% \tag{3-43}$$

由式（3-42）和式（3-43）可知：巷道主动隔热模型隔热量和隔热效率取决于隔热层的隔热效果，而隔热效果取决于隔热层的导热系数，因此，针对巷道支护中常采用的喷射混凝土封闭岩面，采用水泥基注浆材料加固围岩，对水泥基混凝土类材料热传导模型展开研究。

3.3　以轻集料水泥基材料构建主动隔热模型

3.3.1　轻集料水泥基材料导热模型

由传热学理论可知热量在固体中的传递如图 3-3 所示，热量总是由高温相 t_1 通过介质传给另一侧的低温相 t_2，可按式（3-44）计算[168]：

$$Q = \lambda\frac{\Delta T}{\Delta L} \tag{3-44}$$

式中　Q——热量，W；

　　　λ——导热系数，W/(m·K)；

　　　ΔT——介质两侧的温度差，℃；

　　　ΔL——介质长度，m。

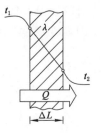

图 3-3　热量传递过程

可见热传导过程既与温度差和介质长度有关,又与材料导热性能有关,因此要想降低传热量,关键在于降低材料的导热系数。对于水泥基混凝土类材料,相关学者对混凝土导热系数模型展开了讨论[169-172]。通常将混凝土看作由连续相水泥砂浆和分散相粗骨料组成的两相复合材料,根据等效导热系数理论模型,由砂浆和粗骨料导热系数便可计算得到混凝土的等效导热系数。因此大致可以分为 3 类模型:

(1) 不考虑界面热阻的串、并联模型,串联模型[式(3-45)]、并联模型[式(3-46)]、正方体分散相并-串联模型[式(3-47)],以及正方体分散相并-串联模型[式(3-48)]。

$$\lambda_e = \frac{1}{v_1/\lambda_1 + v_2/\lambda_2} \tag{3-45}$$

$$\lambda_e = v_1\lambda_1 + v_2\lambda_2 \tag{3-46}$$

$$\lambda_e = (1-a^2)\lambda_1 + \frac{a^2\lambda_1\lambda_2}{a\lambda_1 + (1-a)\lambda_2} \tag{3-47}$$

$$\lambda_e = \frac{(1-a^2)\lambda_1^2 + a^2\lambda_1\lambda_2}{(1-a^2+a^3)\lambda_1 + a^2(1-a)\lambda_2} \tag{3-48}$$

式中　λ_e——两相复合材料导热系数;

　　v_1, v_2——组分 1 和组分 2 的体积分数;

　　λ_1, λ_2——组分 1 和组分 2 的导热系数;

　　a——正方体分散相(组分 2)粒子的边长,$a = v_2^{1/3}$。

(2) 不考虑界面热阻的马克斯韦尔模型[式(3-49)],以及推广模型——布鲁格曼模型[式(3-50)]。

$$\lambda_e = \lambda_1 \frac{2\lambda_1 + \lambda_2 - 2(\lambda_1 - \lambda_2)v_2}{2\lambda_1 + \lambda_2 + (\lambda_1 - \lambda_2)v_2} \tag{3-49}$$

$$(1-v_2)^3 = \frac{\lambda_1}{\lambda_e}\left(\frac{\lambda_e - \lambda_2}{\lambda_1 - \lambda_2}\right)^3 \tag{3-50}$$

式中　λ_e——两相复合材料导热系数;

　　v_1, v_2——组分 1 和组分 2 的体积分数;

　　λ_1, λ_2——组分 1 和组分 2 的导热系数。

(3) 考虑界面热阻的基于马克斯韦尔模型的推广模型,如哈塞尔曼-约翰逊模型[式(3-51)]。

$$\lambda_e = \lambda_1 \frac{\lambda_2(1+2\alpha) + 2\lambda_1 + 2v_2[\lambda_2(1-\alpha) - \lambda_1]}{\lambda_2(1+2\alpha) + 2\lambda_1 - v_2[\lambda_2(1-\alpha) - \lambda_1]} \tag{3-51}$$

式中　α——界面热阻系数,与界面热阻和球形半径有关。

张伟平等[173-174]对上述模型计算结果和试验结果进行了详细比较和讨论。但是由上述各模型可以看出混凝土类材料导热系数取决于水泥砂浆和骨料。文献[175]采用 2 种细骨料、4 种粗骨料配制混凝土,实测水泥砂浆、粗骨料以及混凝土的导热系数,见表 3-4、表 3-5。

由表 3-4 和表 3-5 可知:粗骨料导热系数是水泥砂浆的 1.32～6.26 倍;相同体积含量时,作为分散相的粗骨料导热系数越大,相应的混凝土导热系数越大。由导热系数模型还可知:随着粗骨料体积分数增大,混凝土导热系数相应增大。为此,想要降低混凝土类材料的导热系数,关键在于集料的选取和占比。

表 3-4　水泥砂浆与粗骨料的实测导热系数[175]　　　　单位：W/(m·K)

样品	水泥砂浆 1	水泥砂浆 2	玄武岩粗骨料	石灰岩粗骨料	粉砂岩粗骨料	石英岩粗骨料
干燥	1.90	1.37	4.03	3.15	3.52	8.58
饱和	2.65	1.95	4.30	3.49	5.22	8.63

表 3-5　混凝土实测导热系数　　　　单位：W/(m·K)

混凝土试件	水泥砂浆 1				水泥砂浆 2			
	玄武岩	石灰岩	粉砂岩	石英岩	玄武岩	石灰岩	粉砂岩	石英岩
干燥	2.26	2.03	2.21	2.77	1.97	1.60	1.91	2.29
饱和	3.52	2.92	3.61	4.18	3.24	2.71	2.90	3.49

3.3.2　轻集料水泥基材料技术优势

由前述内容可知混凝土类材料降低导热系数的关键在于选用低导热系数的集料。地面结构常采用增大孔隙率的方法提高保温性。如泡沫混凝土孔隙率可达或超过 80%，但是其强度极低，仅适用于非承重保温墙体。另外，也常采用陶粒、珍珠岩、玻化微珠类材料，其表面多孔、孔隙率大，导热系数极低，且能满足强度要求。珍珠岩类材料导热系数为 0.047～0.065 W/(m·K)，陶粒类材料导热系数为 0.032～0.045 W/(m·K)，对比表 3-4 中各类粗骨料，突显其优势。受此启发，本书尝试研究轻集料混凝土材料，将其应用到矿井巷道喷混凝土层中，以构建巷道主动隔热模型。

矿井地热温度一般为 30～60 ℃，混凝土喷层需结合矿井高温岩层巷道的特定环境、施工工艺、经济性、安全性等进行选择。对于井下特殊环境，要求混凝土喷层无毒、无害、阻燃、抗静电等，既要达到强度要求，又要具有隔热效果，此外需考虑火灾等特殊灾害影响安全，耐久性也要达到标准。而目前建筑保温墙体常使用包括浮石、火山渣土、矿物岩棉、人造轻集料（如黏土陶粒、页岩陶粒、膨胀珍珠岩以及玻化微珠等）等掺入混凝土，使材料具有自重小、保温隔热、耐火、耐久等特点，且材料来源广泛，完全适合用于井下隔热喷层。

为此，本书针对隔热喷层和隔热喷浆、注浆层两种情况构建主动隔热模型，讨论主动隔热模型的巷道温度场分布规律，进一步采用轻集料混凝土构建巷道主动隔热模型，利用正交试验寻找最优掺量配合比，进而提出矿山隔热三维钢筋混凝土衬砌构想，最后通过工业应用试验，为相关工程提供参考。

3.4　主动隔热模型工作模式

3.4.1　隔热喷层构建主动隔热模型工作模式

隔热喷层构建主动隔热层可以概述为支护时即施作隔热喷层作为支护层，完成永久支护后施作隔热喷层作为隔热和加强层两种情况。根据巷道所处工程地质、水文情况，又将其分为外部环境稳定和外部环境不稳定两种情况，罗列出 4 种工作模式，如图 3-4 所示，对各个工作模式简述如下：

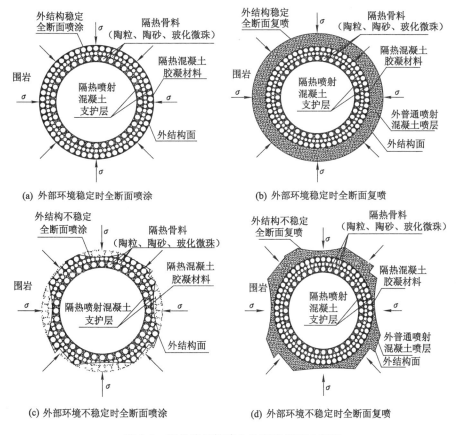

图 3-4 隔热喷层构建主动隔热模型示意图

（1）外部环境稳定时全断面喷涂：在施作隔热混凝土喷层前，由于巷道周边围岩条件较好，开挖后围岩自承载能力强，采用金属网和锚杆形成初期支护。通过矿山压力观测知：巷道变形已趋于稳定，此时施作隔热混凝土喷层，将其既作为隔热层又作为受力层，如图 3-4（a）所示。当隔热混凝土喷层处于此种工况下时，可以较好地发挥其作为支护和隔热的工作性能，施工难度和工作量相应降低，成本也易控制，是最合理的工作模式。而随着深部开采常态化，实际工程中经初次支护满足外部环境稳定条件的巷道较少，其具体实施在实际工程中较难实现。

（2）外部环境稳定时全断面复喷：在施作隔热混凝土喷层前，巷道已经完成永久支护施工，整个支护结构稳定，巷道周边围岩应力重分布，此时巷道整体所处的应力环境稳定。当巷道处于此种情形时，在原支护结构表面复喷一层隔热混凝土喷层，如图 3-4（b）所示。由于复喷的隔热混凝土喷层基本不再作为持力结构，工作时能够保持良好的完整性，可充分发挥其隔热保温性，阻止围岩热量传递以及支护壁面与空气之间的热交换，其具体实施在实际工程中易实现。

（3）外部环境不稳定时全断面喷涂：在施作隔热混凝土喷层前，巷道仅完成了由金属网和锚杆组成的初期支护，将隔热混凝土喷层直接作为承载结构，既要作为支护体系又要发挥隔热作用，如图 3-4（c）所示。然而此时巷道围岩应力重分布尚未稳定，在围岩作用下，巷道变形持续进行，应力集中现象明显，出现顶板冒落、侧墙张裂、底板鼓出等常见支护问题，隔热层的完整性破坏,作为支护和隔热效果大幅降低,因此在该种环境条件下不应将隔热层作为支护层直接使用。

(4)外部环境不稳定时全断面复喷:在施作隔热混凝土喷层前,巷道已经完成永久支护施工,但由于外部环境不稳定,巷道出现不同程度的破坏,如顶板冒落、侧墙张裂、底板鼓出等,支护结构的完整性破坏,若不及时修复,巷道将继续发生变形而妨碍正常安全生产。此时施作隔热混凝土喷层,既弥补原支护结构强度的不足,又作为隔热层发挥隔热作用,如图 3-4(d)所示。该种工作模式较符合高地压、高温热害井巷工程实际,作为原有支护的补充具有较高的经济效益和推广价值,但需增加施工工作量。

3.4.2　隔热喷注层构建主动隔热模型工作模式

同理,采用隔热喷浆层、注浆层构建主动隔热模型,也可以分为支护时即施作隔热喷注层作为支护层,完成永久支护后施作隔热喷浆、注浆层作为隔热层和加强层两种情况。施作注浆层后,围岩稳定性大幅提高,因而巷道外部环境均较为稳定,分为 2 种工作模式,如图 3-5 所示,对各个工作模式简述如下:

(1)全断面隔热喷注:由于巷道周围围岩较为破碎,决定采用锚网+喷注联合支护形式,此时施作隔热喷浆层、注浆层作为支护层,使其既作为受力层又作为隔热层,如图 3-5(a)所示。此时构建的主动隔热模型能够有效调节巷道隔热圈,最大范围发挥全断面隔热支护的优点,施工难度和工作量与支护工程相联系,成本易控制,是较理想的工作模式。

(2)全断面隔热复喷注:巷道完成了永久支护,需施作复合支护作为加强层,采用隔热复喷层、隔热复注浆层的方式完成主动隔热模型的构建,如图 3-5(b)所示。由于施作的隔热复喷注结构作为加强层,与隔热复喷结构类似,工作时能够保持良好的完整性,充分发挥全断面主动隔热的优点,作为原支护体系的补充具有较高的经济效益和推广价值,但是需在原支护结构基础上增加施工工作量。

3.4.3　主动隔热模型支护强度

结合上述对主动隔热模型工作模式的分类,其所构成的支护结构体系强度可概述为如下 3 种类型。

(1)隔热喷层全断面喷涂支护强度

当巷道施工全断面采用隔热混凝土喷层时,其所构成的支护结构体系所能提供的最大支护强度如下:

$$p_{max} = p_{tic} + p_b \tag{3-52}$$

式中　p_{max}——支护结构体系所能提供的最大支护强度;

　　　p_{tic}——隔热混凝土喷层所能提供的强度;

　　　p_b——锚杆支护所能提供的强度。

(2)隔热喷层全断面复喷支护强度

当巷道永久支护已经完成,采用隔热喷层进行全断面复喷时,其所构成的支护结构体系所能提供的最大支护强度如下:

$$p_{max} = p_{nc} + p_{tic} + p_b \tag{3-53}$$

式中　p_{max}——支护结构体系所能提供的最大支护强度;

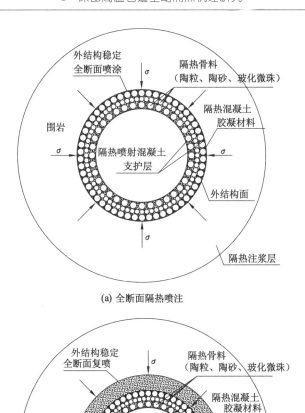

(a) 全断面隔热喷注

(b) 全断面隔热复喷注

图 3-5 隔热喷注层构建主动隔热模型示意图

p_{nc}——普通混凝土喷层所能提供的强度;

p_{tic}——隔热混凝土喷层所能提供的强度;

p_b——锚杆支护所能提供的强度。

（3）隔热喷注支护强度

当巷道施作隔热喷浆层、注浆层构建主动隔热模型时,其所构成的支护结构体系所能提供的最大支护强度如下:

$$p_{max} = p_{nc} + p_{tic} + p_b + p_{ng} + p_{tig} \tag{3-54}$$

式中 p_{max}——支护结构体系所能提供的最大支护强度;

p_{nc}——普通混凝土喷层所能提供的强度;

p_{tic}——隔热混凝土喷层所能提供的强度;

p_b——锚杆支护所能提供的强度;

p_{ng}——普通注浆层所能提供的强度;

p_{tig}——隔热注浆层所能提供的强度。

3.5　本章小结

本章对煤矿井下各热源的热湿交换和放热量进行理论分析,针对围岩放热是井下最主要热源的现状,提出隔绝围岩热量的主动隔热机理,据此提出采用轻集料混凝土喷层以构建巷道主动隔热模型。

(1)矿井主要热源放热量计算:根据热量来源,逐一分析了围岩、机电设备、空气压缩、运输、氧化、水、大气环境等热源放热量,分析结果表明围岩散热是井下最主要的热源,占40%以上。

(2)深部高温巷道主动隔热机理:以巷道围岩温度控制为研究对象,分析巷道围岩热传导模型,计算巷道围岩吸热量或放热量,在巷道中构建隔热层,即 $Q'_{gu}=k'_\tau LU(t'_{gu}-t_B)$,改变换热系数 k'_τ 阻隔减少围岩放热量,同时削弱巷道风流对围岩温度场的影响,称为主动隔热。

(3)水泥基隔热喷层热传导模型研究:根据传热学理论,构建主动隔热模型的关键在于隔热层的导热性能,借鉴地面轻集料混凝土常作为保温墙体材料使用,提出以轻集料混凝土喷层构建隔热层,从混凝土的导热理论模型出发,从理论上证实轻集料掺入混凝土中对水泥基材料隔热性能的改善。

(4)主动隔热模型工作模式研究:基于隔热喷层构建主动隔热模型,将其划分为4种工作模式,分别为外部环境稳定时全断面喷涂、外部环境稳定时全断面复喷、外部环境不稳定时全断面喷涂、外部环境不稳定时全断面复喷;隔热喷注层构建主动隔热模型,将其划分为2种工作模式,分别为全断面隔热喷注和全断面隔热复喷注;分类计算了主动隔热模型支护体系强度。

4　以隔热喷层构建主动隔热巷道温度场分布规律

基于前述对巷道主动隔热机理和模型的研究,提出了采用适用于巷道喷射的隔热混凝土喷层材料,用以构建主动隔热结构。

矿山巷道掘进完成后,围岩初始温度场遭到破坏,围岩和衬砌温度场受对流通风换热影响。众多学者针对巷道围岩温度场进行了大量理论、试验研究和实践测量,同时也采用数值模拟方法对试验结果进行验证[176-182]。但是对于主动隔热技术的研究主要集中于隔热材料的研发和应用工艺,少有讨论隔热喷层隔热能力和喷层厚度对不同热物理参数围岩的隔热效果影响,隔热机理不完善,不能有效指导工程应用。

为此,本章采用数值模拟方法,选用 ANSYS 有限元分析软件研究了隔热喷层不同导热系数、喷层厚度在不同围岩导热系数和赋存温度条件下的巷道温度场分布规律,丰富基于隔热喷层的主动隔热机理,为进一步进行室内试验、工程应用和推广提供参考。

4.1　模型建立与参数选取

4.1.1　隔热喷层主动隔热结构数值模型

以本书工程试验矿井朱集东矿 -965 m 东翼 8 煤顶板回风大巷为工程背景。巷道围岩开挖裸露后,在巷道全断面喷覆隔热喷层构建主动隔热模型,假定巷道开挖后原岩完整性较好,喷层与原岩层结构稳定,耦合效果良好,形成具有隔热层的巷道围岩结构,如图 4-1 所示。

选用 ANSYS10.0 有限元分析软件,采用瞬态算法进行传热分析,模型采用 PLANE 55 二维四节点实体单元,并进行如下简化和假设:

(1) 据测试,围岩调热圈厚度一般在通风 3 a 后趋于稳定,半径为 15~40 m,为此建模范围的长度和宽度均取 100 m,巷道布置在模型中心位置。

(2) 围岩远场边界条件即模型的上下、左右边界设置

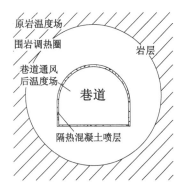

图 4-1　隔热喷层构建阻热圈的
主动隔热模型

为恒温边界,巷道喷层内壁边界为对流换热边界。根据朱集东矿实测数据,新掘巷道壁面温度较高,长期通风后壁面温度维持在 24~28 ℃,为此假设巷道风流平均温度为 26 ℃。

（3）巷道设计参考现场试验巷道，采用常用的直墙半圆拱形断面，高度×宽度＝4 110 mm×5 400 mm，断面面积约 19.06 m²。

（4）假设各层物质各向同性、均质、热物理参数恒定，各层间具有良好热接触，巷道内风流温度和巷壁面对风流的热传导系数恒定。

4.1.2 参数选取

建立数值模型，考虑隔热喷层在不同导热系数、厚度以及原始岩层不同导热系数和赋存温度条件下巷道围岩温度场的变化规律，各组参数和基础工况选取如下：

（1）喷层导热系数：参考室内试验，隔热混凝土导热系数在 0.15～0.40 W/(m·K)之间[183-184]，而普通混凝土导热系数在 1.20～1.75 W/(m·K)之间。后续应用研究为保证支护结构可靠安全，现场喷射入模取样实测导热系数在 0.35～0.85 W/(m·K)之间，为此喷层导热系数选取 0.10～1.80 W/(m·K)，间隔为 0.20 W/(m·K)，基础参数值为 0.80 W/(m·K)。

（2）喷层厚度：根据《煤矿井巷工程施工规范》(GB 50511—2010)，选取 80～240 mm，间隔为 20 mm，基础参数值为 120 mm。

（3）围岩导热系数：根据吴基文、徐胜平等人的研究，两淮矿区围岩导热系数在 0.37～4.36 W/(m·K)之间，去除煤、砂土等特殊岩体，均值为 2.54 W/(m·K)[185]，为此围岩导热系数选取 0.50～4.50 W/(m·K)，间隔为 0.50 W/(m·K)，基础参数值为 2.50 W/(m·K)。

（4）围岩赋存温度：据《煤矿安全规程》，原始岩温超过 31 ℃为一级热害区，超过 37 ℃为二级热害区。朱集东矿新掘巷道岩温实测显示，−965 m 原始瞬时测温在 37～40 ℃之间，为此岩温选取 31～40 ℃，间隔 1.0 ℃，基础参数值为 37 ℃。

根据上述基础参数和变化范围确定本章所需计算工况，见表 4-1。此外，参照室内试验、相关文献确定围岩与喷层密度、比热容、对流换热系数等物理参数[179-184]，见表 4-2。

表 4-1　数值试验基础参数及变化范围

工况	喷层导热系数 /[W/(m·K)]	喷层厚度/mm	围岩导热系数 /[W/(m·K)]	围岩赋存温度/℃
1	0.1、0.2、0.4、0.6、0.8、1.0、1.2、1.4、1.6、1.8	120	2.5	37
2	0.8	80、100、120、140、160、180、200、220、240	2.5	37
3	0.8	120	0.5、1.0、1.5、2.0、2.5、3.0、3.5、4.0、4.5	37
4	0.8	120	2.5	31、32、33、34、35、36、37、38、39、40

表 4-2　数值试验材料热物理参数

材料	密度/(kg/m³)	比热容/[J/(kg·℃)]	对流换热系数/[W/(m²·℃)]
围岩	2 500	896	20
混凝土喷层	1 705	970	20

4.2　巷道温度场分布规律

以基础工况为例[喷层导热系数为 0.80 W/(m·K),喷层厚度为 120 mm,围岩导热系数为 2.50 W/(m·K),赋存温度为 37 ℃)],计算过程中,首先假设整个模型处于原岩温度状态,之后固定温度约束于模型的上下、左右边界,并取绝热条件。而巷道喷层内壁边界为对流换热边界,设置相应的对流换热系数和通风后温度值,分析不同通风时间时巷道温度场分布情况[186-188]。建立模型及网格划分情况如图 4-2 所示,共划分成 10 708 个单元和 10 950 个节点,施加温度与对流边界条件,如图 4-3 所示。

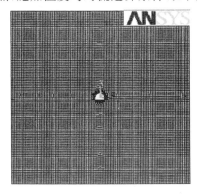

图 4-2　建立模型与网格划分

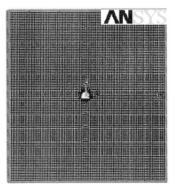

图 4-3　施加温度与对流边界条件

4.2.1　巷道围岩调热圈分布规律

获得巷道经 1 d、30 d、90 d、365 d、1 095 d 和 3 650 d 后温度场变化情况(图 4-4),可见随着通风时间增加,巷道围岩温度场温度不断下降,调热圈逐步形成,30 d 后巷道衬砌壁面温度为 26.470 ℃,1 a 后壁面温度为 26.218 ℃,3 a 后壁面温度为 26.172 ℃,长期通风(10 a)后壁面温度维持在 26.138 ℃。

定义围岩温度降低值超过原岩温度 1% 的区域为调热圈,调热圈与原岩交界面至巷道中心的距离定义为围岩调热圈半径[39]。由图 4-4 可知:随着风流不断冷却巷道围岩,调热圈范围不断扩大。图 4-5 为基础工况时 10 a 内调热圈半径变化趋势及拟合曲线,通风 30 d、180 d、365 d、3 a 及 10 a 后调热圈半径分别为 6.163 m、13.049 m、17.048 m、26.708 m 及 41.973 m。对图中数据进行拟合可知围岩调热圈半径随通风时间呈幂指数关系增大,拟合相关系数为 0.994,效果较好。

$$r = 0.864\sqrt{t} + r_0 \quad (R^2 = 0.994) \tag{4-1}$$

式中　r——调热圈半径,m;

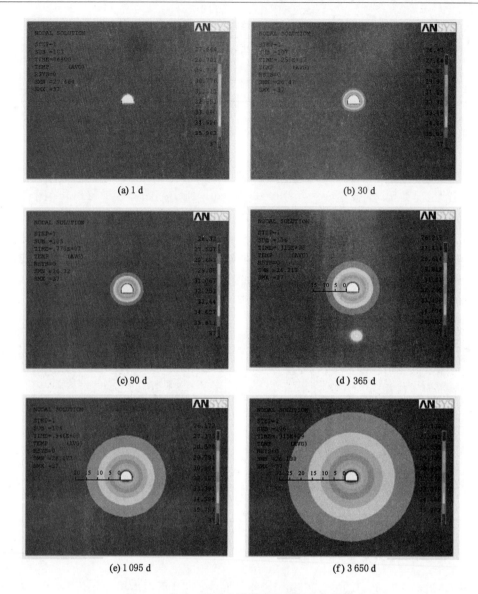

图 4-4　基础工况时巷道围岩温度场变化趋势

t——巷道通风时间,d;

r_0——巷道中心至围岩的距离,取 2.82 m。

4.2.2　巷道围岩温度场分布规律

一般巷道围岩温度场在 3 a 后趋于稳定,通过上述计算可知调热圈半径约为 30 m。为此,研究期定为 3 a,选取巷道左侧 1.41 m 高衬砌壁面点,由该点向巷道围岩内部引一条射线至围岩边界,壁面、喷层与岩层交界处、岩层内 1~30 m 各测点观测期间的温度变化如图 4-6 所示。

由图 4-6 可知:空间尺度上,巷道壁面测点由于受通风影响,温度最低,其余岩层内部测点均随径向深度增加,温度逐渐升高并趋于与原岩温度一致,即逐渐达到调热圈边缘。时间

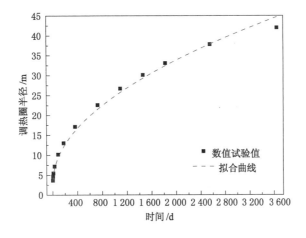

图 4-5 基础工况时调热圈半径变化趋势及拟合曲线

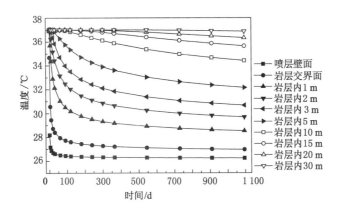

图 4-6 基础工况时巷道围岩温度分布规律

尺度上,各测点温度均随时间增加而逐渐下降。通风初期,巷道壁面测点温度随通风时间增加而急剧减小,30 d 后趋于平缓,90 d 后温度仍缓慢下降趋于稳定,其余岩层内部测点均随着径向深度增加,温度值下降程度逐渐减小。

4.3 巷道温度场影响因素分析

4.3.1 喷层导热系数

(1) 喷层导热系数对调热圈半径的影响

以巷道通风 3 a 为研究期,针对表 4-1 中工况 1,计算喷层不同导热系数时调热圈半径并得出拟合曲线,如图 4-7 所示。由图 4-7 可知:随着喷层导热系数不断减小,调热圈半径也不断减小,经过 30 d 通风冷却,喷层导热系数为 0.1 W/(m·K) 的调热圈半径较喷层导热系数为 1.8 W/(m·K) 的调热圈半径减小 19.44%,经过 1 095 d 减小 13.33%。这说明喷层隔热能力增强,能够有效降低风流对深部围岩温度场的扰动。调热圈半径仍然符合随时间呈幂指数增大的趋势。

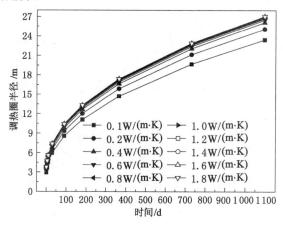

图 4-7　喷层导热系数对调热圈半径的影响

（2）喷层导热系数对围岩温度场的影响

随着通风时间增加，岩层径向埋深增大，通风冷却对围岩温度场的扰动逐渐减弱，故以通风 30 d 和 1 095 d 作为巷道开掘初期和长期举例，对表 4-1 中工况 1，探讨混凝土喷层不同导热系数时围岩温度场变化规律，如图 4-8 所示。

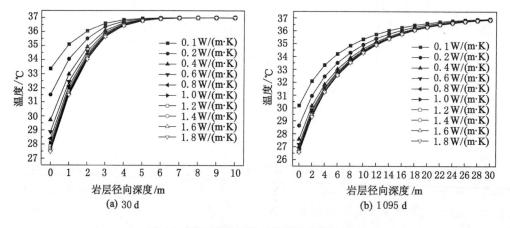

图 4-8　喷层导热系数对围岩温度场的影响

由图 4-8 可知：① 在各通风期内，随岩层径向深度增加，岩层温度逐渐提高。② 随喷层导热系数减小，岩层各点温度不断提高，但提高速率不同：沿巷道径向深度越小，其原始温度受通风冷却程度越高，提高速率较大；沿巷道径向深度越大，其原始温度受通风冷却程度越低，原始岩温较高，提高程度逐渐减小。③ 随着巷道开掘通风时间的增加，岩层受风流冷却程度不断增大，表现为调热圈半径逐渐增大。这是因为喷层隔热能力强，阻绝巷道风流对岩层温度场的冷却作用，因而对岩层原始温度影响逐渐减弱，客观造成岩层各点温度提高，岩层温度梯度增大，在喷层与岩层分界处温度差异最大，说明喷层起到了减小围岩向风流散热的作用。

但应该看到：围岩向风流散热是不可避免的，隔热喷层的主要作用是减缓围岩内热量传递,以达到降低风流温度的目的,因此,喷层不同导热系数时围岩温度分布一致,区别在于围岩各点温度增大幅度不同。随着导热系数减小,喷层隔热能力增强,巷道围岩温度场受扰动程度降低,且随着导热系数的减小,其隔热能力趋于饱和。在通风 30 d 和 1 095 d 之后,喷层与原岩层交界处的温度值,导热系数为 0.1 W/(m·K)的较导热系数为 1.8 W/(m·K)的分别提高 21.44% 和 13.60%。

(3) 喷层导热系数对壁面温度的影响

由于巷道衬砌壁面温度对于矿井热环境控制具有重要参考价值,对表 4-1 中工况 1 讨论喷层导热系数对壁面温度随时间的变化情况,如图 4-9 所示。

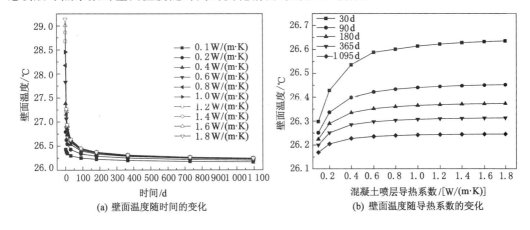

(a) 壁面温度随时间的变化　　(b) 壁面温度随导热系数的变化

图 4-9　喷层导热系数对壁面温度的影响

由图 4-9(a)可知:通风初期,巷道壁面温度随通风时间增加急剧减小,之后逐渐趋于稳定。由图 4-9(b)可知:在各典型时间点上,喷层导热系数越低,壁面温度越低,隔热能力越强,尤其在掘进初期 30 d 时,对壁面温度降低作用显著,喷层导热系数为 0.1 W/(m·K)的较 1.8 W/(m·K)的温度值下降 1.27%,说明提高材料隔热能力能够提高喷层隔热效果。但喷层导热系数对巷道后期降温作用却不是很明显,原因是随着通风时间增加,围岩调热圈逐渐形成并稳定,岩层经过通风预冷后与巷道内风流温度趋于一致,通风 1 095 d 后,导热系数为 0.1 W/(m·K)的较导热系数为 1.8 W/(m·K)的温度下降约 0.29%,说明达到一定通风时间后喷层导热系数对壁面温度的影响逐渐减弱。

上述围岩温度场分布规律表明:以导热系数小的混凝土喷层构成隔热层,能够有效减少风流对围岩温度场的扰动,减少围岩向风流散热,对降低巷道壁面温度有利。随着喷层导热系数减小,有利幅度不断增大,随着通风时间增加,该有利趋势不断减弱。因为围岩向风流散热是不可避免的,低导热系数的喷层能够延缓围岩内热量传递以降低风流温度,故导热系数改变时巷道总体温度场分布无变化,仅围岩温度降低幅度不同,导热系数越低,巷道围岩温度场受风流扰动程度就越小。

4.3.2　喷层厚度

(1) 喷层厚度对调热圈半径的影响

对于表 4-1 中工况 2,计算喷层不同厚度时调热圈半径并得出拟合曲线,如图 4-10 所示。由图 4-10 可知:喷层厚度对调热圈半径的影响比喷层导热系数小。由数据分析结果可知:随着喷层厚度增加,调热圈半径呈减小趋势,且随时间增加,减小趋势逐渐减弱。经30 d 通风冷却后,喷层厚度240 mm较80 mm的调热圈半径减小4.54%;经1 095 d通风后,调热圈半径减小1.61%。调热圈半径仍然随时间呈幂指数增大。

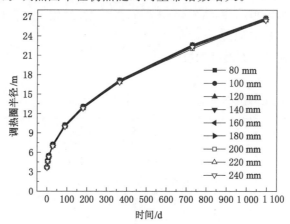

图4-10　喷层厚度对调热圈半径的影响

这说明增大混凝土喷层厚度能够阻隔巷道风流对深部围岩温度场的扰动,但是不如降低喷层导热系数显著,原因是本工况采用混凝土喷层导热系数为0.8 W/(m·K),虽然比普通混凝土[1.2~1.8 W/(m·K)]有明显改善,但与一般的保温、泡沫混凝土[导热系数低于0.05 W/(m·K)]还有较大差距,也从侧面反映了喷层导热系数的降低可有效减轻对围岩温度场扰动。

(2) 喷层厚度对围岩温度场的影响

对于表4-1中工况2,以掘进初期通风30 d和长期通风1 095 d为例,计算混凝土喷层不同厚度时围岩温度并得出拟合曲线,如图4-11所示。由图4-11可知:与喷层导热系数影响类似,随着岩层径向深度增大,岩层温度逐渐提高并趋近于原岩温度;随着喷层厚度增大,岩层各点温度随之提高,且径向深度越小,提高幅度越大,30 d通风期,喷层与岩层交界处,喷层厚度240 mm较80 mm的温度提高6.79%,1 095 d通风后提高3.15%,原因是喷层厚度增大阻碍了巷道风流向围岩的热传递,围岩温度场扰动效果减弱。

(3) 喷层厚度对壁面温度的影响

对于表4-1中工况2,讨论喷层厚度对壁面温度的影响,如图4-12所示。与喷层导热系数影响相类似,由图4-12(a)可知:通风初期巷道衬砌壁面温度迅速下降之后趋于稳定。由图4-12(b)可知:在各个时间段,随着喷层厚度增大,巷道衬砌壁面测点温度有所下降,但下降幅度有限,喷层厚度240 mm较80 mm的在通风30 d时壁面温度下降约0.29%,经1 095 d后下降约0.06%。可见达到一定时间后,喷层厚度对壁面温度影响逐渐降低。此外,当喷层厚度超过160 mm后,壁面温度变化趋于缓和,说明无限制增大喷层厚度不能十分显著提高隔热效果,这是因为随着通风时间的增加,巷道壁面逐渐被风流冷却,喷层对巷道壁面温度影响程度逐渐降低。

上述围岩温度场分布规律表明:增大喷层厚度能够阻隔围岩热量向巷道内传递,围岩温度场受扰动程度减小,且在巷道通风初期效果较明显。但一味增大喷层厚度不能十分显著

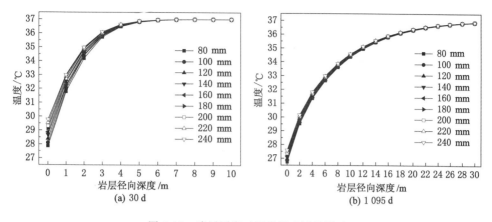

图 4-11 喷层厚度对围岩温度场的影响

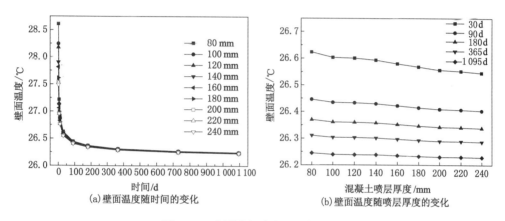

图 4-12 喷层厚度对壁面温度的影响

提高隔热效果,反而会造成喷层内部温度梯度增大,其隔热能力趋于饱和。

4.3.3 围岩导热系数

(1) 围岩导热系数对调热圈半径的影响

针对表 4-1 中工况 3,计算围岩不同导热系数时的调热圈半径并得到拟合曲线,如图 4-13 所示。由图 4-13 可知:随着围岩导热系数的不断增大,调热圈半径显著增大,经30 d 围岩导热系数 4.5 W/(m·K)较 0.5 W/(m·K)的调热圈半径增大 57.62%,经 1 095 d 后增大 129.48%。这说明围岩本身热传导性质影响是极为显著的,调热圈半径依然随时间呈幂指数增大。

(2) 围岩导热系数对围岩温度场的影响

针对表 4-1 中工况 3,仍以 30 d 和 1 095 d 为例,计算围岩不同导热系数时的围岩温度并得到拟合曲线,如图 4-14 所示。

由图 4-14 可知:在喷层与岩层交界处,随着围岩导热系数增大,温度不断提高。随着岩层径向深度递增,较大围岩导热系数测点温度反而降低。30 d 时,围岩导热系数为 4.5 W/(m·K)较围岩导热系数为 0.5 W/(m·K)的在岩层交界处提高 8.52%,岩层埋深为 2 m 时,其温度下降7.26%;1 095 d 时,围岩导热系数为 4.5 W/(m·K)较 0.5 W/(m·K)的在

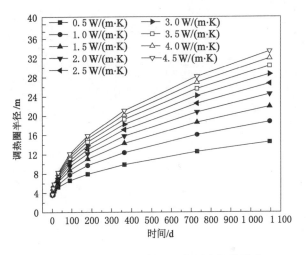

图 4-13　围岩导热系数对调热圈半径的影响

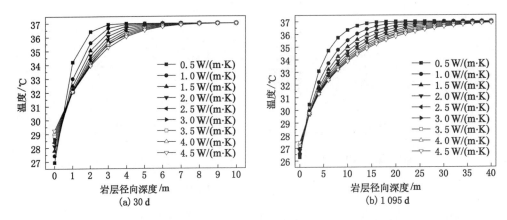

(a) 30 d　　　　　　　　　(b) 1 095 d

图 4-14　围岩导热系数对围岩温度场的影响

岩层交界处提高 4.44%,岩层埋深为 8 m 时,其温度下降 7.05%。之后随深度继续增加,温度逐渐与原岩温度一致。其原因是原岩内部能量向巷道风流传递而造成接近巷道部位岩层出现分区,导致岩层温度随围岩导热系数增大而有不同程度降低,降低幅度与岩层所在位置和导热系数变化区间有关。这与寒区隧道温度场的研究结论是一致的[180]。

（3）围岩导热系数对壁面温度的影响

针对表 4-1 中工况 3,讨论围岩导热系数对壁面温度随时间的变化情况,如图 4-15 所示。由图 4-15（a）可知:在各时间点上,壁面温度均随着围岩导热系数减小而下降。由图 4-15（b）可知:不同时间段降低速率不同,降低速率与时间段有关——随着通风时间增加,下降速率经历急速增大之后逐渐减小的过程,围岩导热系数 0.5 W/(m·K)较 4.5 W/(m·K)的,在通风 30 d、90 d、180 d、365 d、1 095 d 后壁面温度下降约 2.15%、1.72%、1.51%、1.33%、1.12%。原因是围岩保温隔热性好,阻碍原始岩层热量向巷道内部传递,所以围岩导热系数越小,对于巷道通风降温和通风初期的热害控制越有利。

上述温度场分布规律表明:对于井下热环境控制,若以降低巷道壁面温度、初期降温为目的,围岩导热系数越低对降低巷道内风流温度越有利;若以降低岩层温度和扩大调热圈范

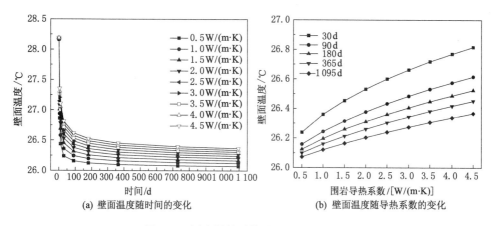

(a) 壁面温度随时间的变化   (b) 壁面温度随导热系数的变化

图 4-15   围岩导热系数对壁面温度的影响

围为目的,围岩导热系数越高对扩大调热圈范围越有利。

4.3.4   围岩赋存温度

（1）围岩赋存温度对调热圈半径的影响

针对表 4-1 中工况 4,计算围岩不同温度时调热圈半径并得到拟合曲线,如图 4-16 所示。由图 4-16 可知:与围岩导热系数影响类似,调热圈半径随围岩温度增大而增大,通风 30 d 后岩温 40 ℃较 31 ℃时调热圈半径增大 12.95%,经 1 095 d 后增大 22.09%。调热圈半径符合幂指数增大规律。

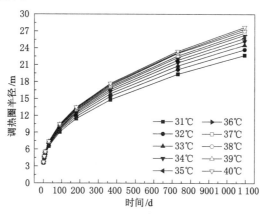

图 4-16   围岩赋存温度对调热圈半径的影响

（2）围岩赋存温度对围岩温度场的影响

针对表 4-1 中工况 4,以 30 d 和 1 095 d 为例,计算得到不同围岩赋存温度时的围岩温度变化规律,如图 4-17 所示。显然岩层各点温度发展规律相同,各位置处温度均随岩温增大而增大,但增大速率不同,沿巷道径向深度越大的位置处,其温度增大速率越大,直至与原岩温度一致。这是因为赋存温度越大,巷道通风降温作用对围岩内部各位置处降温效果相应减弱,同时减弱效果随巷道径向深度增大而增强。

（3）围岩赋存温度对壁面温度的影响

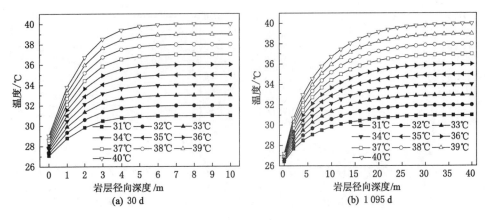

图 4-17　围岩赋存温度对围岩温度场的影响

针对表 4-1 中工况 4，讨论围岩赋存温度对壁面温度的影响，如图 4-18 所示。由图 4-18 可知：与围岩导热系数影响类似，壁面温度在各时间段上均随赋存温度提高而提高，且呈线性关系，通风 30 d、90 d、180 d、365 d、1 095 d 后，赋存温度 40 ℃较 31 ℃壁面温度分别提高 1.87%、1.35%、1.13%、0.95%、0.75%，影响程度逐渐降低。很显然，围岩赋存温度对围岩内部各位置、壁面温度均有显著影响，围岩赋存温度越低，越有利于井巷热害治理。

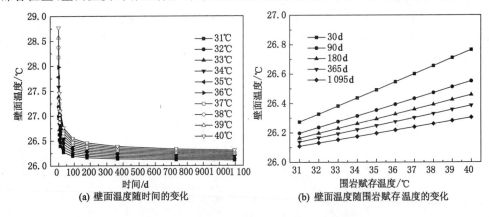

图 4-18　围岩赋存温度对壁面温度的影响

以上针对不同工况讨论了喷层导热系数、厚度、围岩导热系数、围岩赋存温度对调热圈半径、岩层温度、壁面温度的单因素影响，但各因素对温度场影响大小、敏感情况却不易区分，为此进行敏感度分析。

4.4　巷道温度场敏感性分析

4.4.1　敏感性分析方法

敏感性分析是分析系统稳定性的一种方法。假设模型 $y = f(x_1, x_2, \cdots, x_k, \cdots)$，$x_k$ 为模型第 k 个影响因素，令每个因素在可能的取值范围内变化，研究这些因素变化对模型输出值的影响程度[189]。

进行敏感性分析首先需要建立系统模型，然后给出基准参数集，分析参数 x_k 对特性 y 的影响时，可采用单因素分析法，即令其余各参数取基准值且固定不变，而令 x_k 在其可能的范围内变化，则系统特性 y 表现为：

$$y = f(x_{k1}, x_{k2}, \cdots, x_{kn}) \tag{4-2}$$

若 x_k 的微小变化引起 y 的较大变化，则 y 对 x_k 的敏感性较高；若 x_k 在较大范围内变化，而 y 变化较小，则 y 对 x_k 的敏感性较低。为了便于不同量纲的参数之间进行比较分析，定义无量纲形式的敏感度因子[190]：

$$s_k = \left| \frac{x_k^*}{y^*} \times \frac{\Delta y}{\Delta x_k} \right| \tag{4-3}$$

式中 s_k——参数 x_k 的敏感度；

x_k^*——参数 x_k 的基准参数值；

y^*——基准参数值对应的系统特性值；

$\Delta y / \Delta x$——在参数 x_k 变化范围内特性 y 对参数 x_k 的变化率。

当需要同时分析多个系统时，为便于综合分析研究，将敏感度因子归一化处理，即令所有影响参数对于同一系统特性敏感度因子之和为 1，则各参数归一化后的敏感度因子为：

$$s'_k = \frac{s_k}{\sum\limits_{i=1}^{n} s_i} \tag{4-4}$$

据此，分别以混凝土喷层导热系数、喷层厚度、围岩导热系数、赋存温度作为影响参数 x_1, x_2, x_3, x_4；以巷道围岩调热圈半径、岩层温度、壁面温度作为特征值 y，计算表 4-1 各工况时各参数对指标特性敏感度。

4.4.2   不同因素对调热圈半径的敏感性

根据敏感性分析方法，按照式（4-3）求出各因素对调热圈半径的敏感度，然后根据式（4-4）可得到归一化后的敏感度，最后进一步直观表示各因素对调热圈半径的敏感性，如图 4-19 所示。

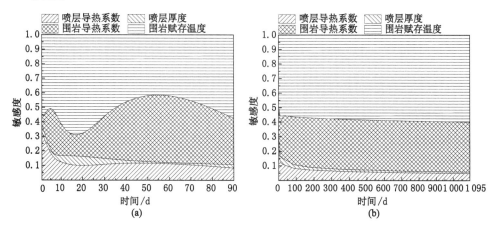

图 4-19   不同影响因素对调热圈半径的敏感度

由图 4-19 可知:本工况时围岩本身热物理属性对调热圈半径的敏感度始终占据较大比例,而喷层结构因素敏感度较小。对于围岩环境条件,以围岩赋存温度敏感度较大;对于喷层条件,则以导热系数敏感度较大。此外,喷层因素在通风 90 d 内占据一定比例,尤其是前 10 d,喷层导热系数的敏感度处于较高水平,之后随着时间递增逐渐降低,围岩本身属性决定了调热圈的大小。

4.4.3　不同因素对围岩温度敏感性

对围岩温度场在通风前期(30 d)和长期通风期(1 095 d)受不同因素的影响进行敏感性分析,如图 4-20 所示。由图 4-20 可知:随着径向深度增大,围岩本身热物理属性逐渐占据主导地位,其中围岩温度比导热系数影响显著得多。但是在径向深度 3 m 范围内,喷层导热系数和厚度仍然对围岩温度场起到一定影响,其中喷层导热系数影响较显著。说明通过增大隔热喷层厚度来提高巷道隔热能力的效果有限,不如采用低导热系数的隔热材料益处大。

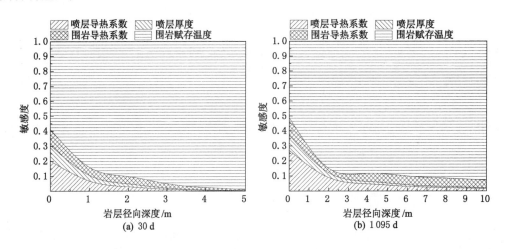

图 4-20　不同影响因素对围岩温度场的敏感度

4.4.4　不同因素对壁面温度敏感性

巷道壁面温度受不同因素影响敏感性分析如图 4-21 所示。由图 4-21 可知:影响最大的是围岩赋存温度,其敏感度在各个时间点占比最大;其次是围岩导热系数,其敏感度随时间增加逐渐增大;喷层厚度敏感度最小,随时间增加逐渐降低;喷层导热系数在通风初期敏感度较大,之后逐渐降低。这说明喷层导热系数和厚度变化能够在初期降低壁面温度,减少围岩温度场对巷道风温的扰动,但是随着通风时间增加,调热圈逐渐稳定,影响程度逐渐降低。

整个测试阶段喷层导热系数的敏感度均比喷层厚度大,说明本工况条件下喷层导热系数降低对于巷道壁面温度的改善较喷层厚度增大效果显著。

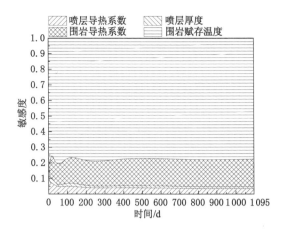

图 4-21　不同影响因素对壁面温度的敏感度

4.5　本章小结

使用 ANSYS 数值分析软件对考虑隔热喷层的主动隔热巷道温度场进行了较为详尽的分析,讨论了隔热喷层导热系数、喷层厚度、围岩导热系数、围岩赋存温度对巷道温度场的影响规律。

(1)巷道温度场分布:调热圈半径随通风时间呈幂指数关系增大,岩层内部温度随径向深度增大,温度逐渐上升并趋于与原岩温度一致,壁面温度在通风初期急剧降低,30 d 后趋于平缓,90 d 后仍缓慢下降并逐渐稳定。

(2)各影响因素对巷道温度场分布的影响:混凝土导热系数降低、喷层厚度增大能够构建隔热层,有效减少风流对围岩温度的扰动,对壁面温度降低有利。随着喷层导热系数减小、喷层厚度增大,有利幅度不断增大,而随着通风时间增加,有利趋势不断减弱。另外,喷层厚度增大还会造成喷层内部温度梯度增大,隔热能力趋于饱和;围岩导热系数、赋存温度对调热圈半径、岩层温度、壁面温度均有显著影响,随着导热系数、岩温提高,调热圈半径、岩层温度、壁面温度均随之显著提高。

(3)巷道温度场分布规律敏感性分析:围岩本身热物理属性决定了巷道围岩温度场分布,其中岩温是最敏感的因素。采用低导热系数喷层、增大喷层厚度可阻隔热量和减小风流对围岩温度场的影响,但随时间增加逐渐减弱。喷层导热系数较厚度的敏感度高,说明增大隔热喷层厚度提高隔热能力效果有限,不如采用低导热系数隔热材料益处大。故在布置巷道时,应该优先考虑围岩赋存温度、导热系数低的地层位置,采用导热系数较低的隔热喷层,对于井巷热环境控制具有积极意义,但无限制增大隔热喷层厚度对巷道隔热效果提升有限。

5　隔热喷注构建主动隔热结构巷道温度场分布规律

前述章节讨论了隔热喷层构建主动隔热结构巷道温度场的分布规律,提出采用适于巷道喷射的隔热混凝土喷层材料,用以构建主动隔热结构。

进一步提出采用隔热喷浆层、注浆层构建大范围的阻热圈结构,讨论隔热注浆层、隔热喷层不同热物理参数、注浆范围对巷道温度场的影响,证实主动隔热结构对井巷热湿环境的控制作用。

本章采用数值模拟方法,选用 ANSYS 模拟软件讨论不同隔热注浆层导热系数、注浆范围、隔热喷层导热系数、喷层厚度时巷道温度场的分布规律,丰富基于隔热喷注的主动隔热机理,为进一步室内试验研发、工程应用和推广提供参考。

5.1　模型建立与参数选取

5.1.1　隔热喷注主动隔热结构数值模型

与第 4 章相同,仍以工程试验矿井朱集东矿－965 m 东翼 8 煤顶板回风大巷为工程背景。巷道围岩开挖裸露后,在巷道全断面注入隔热材料构建主动隔热注浆层,同时喷覆隔热喷层构建主动隔热喷层,假定巷道开挖后原岩完整性较好,注浆层均质分布,喷层与注浆层、注浆层与原岩层耦合效果良好。完成隔热喷注构建阻热圈的主动隔热模型,如图 5-1 所示。

与第 4 章相同,选用 ANSYS10.0 有限元分析软件,采用瞬态算法进行传热分析,模型采用 PLANE55 二维四节点实体单元,并做相同简化与假设。

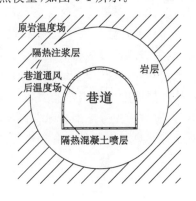

图 5-1　隔热喷注构建阻热圈的
主动隔热模型

5.1.2　参数选取

建立数值模型,考虑不同导热系数、注浆范围的隔热注浆层,以及不同导热系数、喷射厚度的隔热喷层,对巷道围岩温度场的影响规律。考虑各组工况整齐可比等因素,对各组参数和基础工况作如下选取。

(1)注浆层导热系数:根据吴基文、徐胜平等的研究成果,两淮矿区围岩导热系数为 $0.37 \sim 4.36$ W/(m·K),去除煤、砂土等特殊岩体，平均值为 2.54 W/(m·K)[185]。对于隔热注浆层材料的研制，相关文献较少，但地面结构中保温层的导热系数控制在 0.35 W/(m·K)以下[191-193]，为此，隔热注浆层导热系数为 0.3～2.4 W/(m·K)，增量为 0.3 W/(m·K)，基础参数值为 1.2 W/(m·K)。

（2）注浆层范围：根据《煤矿井巷工程施工规范》（GB 50511—2010），选取 1～8 m，间隔 1 m，基础参数值为 4 m。

（3）喷层导热系数：参考室内试验，现场喷射入模取样实测导热系数，隔热混凝土导热系数为 0.15～0.85 W/(m·K)[183-184]，而普通混凝土导热系数为 1.20～1.75 W/(m·K)，因此喷层导热系数选取为 0.2～1.60 W/(m·K)，增量为 0.20 W/(m·K)，基础参数值为 0.80 W/(m·K)。

（4）喷层厚度：根据《煤矿井巷工程施工规范》（GB 50511—2010），选取 80～220 mm，间隔 20 mm，基础参数值为 140 mm。

根据上述基础参数及变化范围确定所需计算工况，见表 5-1。此外，参考室内试验结果、相关文献确定注浆层、混凝土喷层、围岩层密度、比热容、对流换热系数等物理参数[179-184]，见表 5-2。

表 5-1　数值试验基础参数及变化范围

工况	注浆层导热系数 /[W/(m·℃)]	注浆层范围/m	喷层导热系数 /[W/(m·℃)]	喷层厚度/mm
1	0.3、0.6、0.9、1.2、 1.5、1.8、2.1、2.4	4	0.8	140
2	1.2	1、2、3、4、5、6、7、8	0.8	140
3	1.2	4	0.2、0.4、0.6、0.8、 1.0、1.2、1.4、1.6	140
4	1.2	4	0.8	80、100、120、140、 160、180、200、220

表 5-2　数值试验材料热物理参数

材料	密度/(kg/m³)	比热容/[J/(kg·℃)]	对流换热系数/[W/(m²·℃)]
围岩	2 500	896	20
隔热注浆层	2 103	933	20
隔热混凝土喷层	1 705	970	20

5.2　巷道温度场分布规律

以普通工况［喷层导热系数为 1.7 W/(m·K)，喷层厚度为 140 mm，围岩导热系数为 2.5 W/(m·K)］和考虑隔热喷注构建阻热圈工况［喷层导热系数为 0.8 W/(m·K)，喷层厚度为 140 mm，注浆层导热系数为 1.2 W/(m·K)，注浆层范围为 4 m，围岩导热系数为 2.5 W/(m·K)］为例。对比讨论考虑隔热喷注构建阻热圈的巷道和未考虑隔热喷注的巷道温度场分布规律。

计算过程中,首先假定整个巷道处于原岩温度状态,之后固定温度约束于模型的上下、左右边界,并取绝热条件,而巷道喷层内壁边界为对流换热边界,设置相应的对流换热系数和通风后温度,分析不同通风时间时巷道温度场分布情况。

5.2.1 巷道围岩调热圈分布规律

获得两种工况下巷道 30 d、365 d、1 095 d 和 3 650 d 后温度场变化情况如图 5-2 和图 5-3 所示。由图 5-2 和图 5-3 可知:随着通风时间增加,巷道围岩温度不断下降,热量逐渐扩散,调热圈逐渐形成。

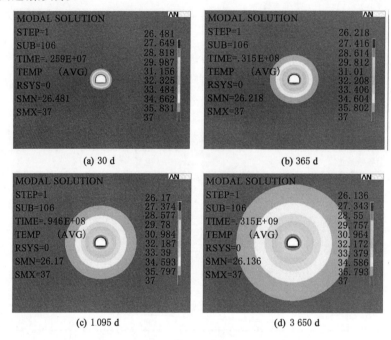

图 5-2　普通工况巷道围岩温度场变化

由图 5-2 可知:普通工况时,30 d 后巷道衬砌壁面温度为 26.618 ℃,1 a 后壁面温度为 26.307 ℃,3 a 后壁面温度为 26.242 ℃,长期通风 10 a 后壁面温度维持在 26.193 ℃。而由图 5-3 可知:考虑隔热喷注构建阻热圈工况时,30 d 后巷道衬砌壁面温度为 26.381 ℃,1 a 后壁面温度为 26.195 ℃,3 a 后壁面温度为 26.166 ℃,长期通风 10 a 后壁面温度维持在 26.141 ℃。对比可知:构建阻热圈后,壁面温度显著降低,在 30 d、365 d、1 095 d 和 3 650 d 后,阻热圈工况较普通工况壁面温度分别下降 0.89%、0.43%、0.29% 和 0.20%,但随着通风时间增加,隔热效果逐渐减弱。

依然定义围岩温度降低值超过原岩温度 1% 的区域为调热圈,调热圈与原岩交界面至巷道中心的距离定义为围岩调热圈半径[39]。由图 5-2 和图 5-3 可知:随着风流不断冷却巷道围岩,调热圈范围不断扩大。图 5-4 为两种工况时 10 a 内调热圈半径变化规律。

由图 5-4 可知:在普通工况下,30 d、365 d、1 095 d 和 3 650 d 后调热圈半径分别为 7.384 m、17.374 m、27.036 m 和 42.278 m。而在考虑隔热喷注构建阻热圈工况下,30 d、

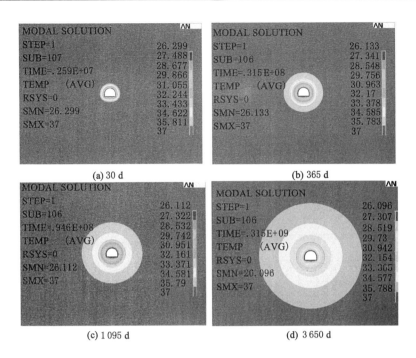

图 5-3　考虑隔热喷注构建阻热圈巷道围岩温度场变化

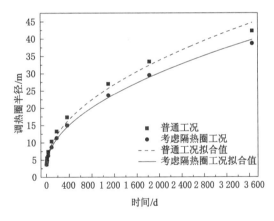

图 5-4　两种工况时调热圈半径变化及拟合

365 d、1 095 d 和 3 650 d 后调热圈半径分别为 6.316 m、15.023 m、23.723 m 和 36.690 m，调热圈半径分别减小 14.46%、13.53%、12.25% 和 13.22%。对图中数据进行拟合，得到围岩调热圈半径随通风时间呈幂指数关系增大，拟合结果如下：

$$r_1 = 1.512\sqrt{t} + r_0 \quad (R^2 = 0.99) \tag{5-1}$$

$$r_2 = 0.269\sqrt{t} + r_0 \quad (R^2 = 0.99) \tag{5-2}$$

式中　r_1——普通工况时调热圈半径，m；

　　　r_2——考虑隔热喷注构建阻热圈工况时调热圈半径，m；

　　　t——巷道通风时间，d；

　　　r_0——巷道中心至围岩的距离，取 2.84 m。

5.2.2 巷道围岩温度场分布规律

一般认为巷道围岩温度场在 3 a 后趋于稳定，以 3 a 为研究期，选取巷道左侧 1.41 m 高衬砌壁面点，由该点向巷道围岩内部引一条射线至围岩边界，作壁面、喷层与岩层（注浆层）交界处、岩层内 1~30 m 各测点观测期间温度变化情况，如图 5-5 所示。

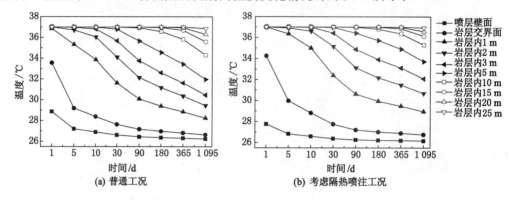

图 5-5　两种工况下巷道围岩温度场分布规律

由两种工况温度场分布图可知：

（1）在空间尺度上，巷道壁面由于受通风影响，温度最低，其余沿岩层内部测点随径向深度增大，温度逐渐上升并趋于与原岩温度一致，即逐渐达到调热圈边缘温度。

（2）在时间尺度上，各测点温度均随时间增加而逐渐降低，在通风初期，巷道壁面测点温度随通风时间增加而急剧减小，30 d 后趋于平缓，至 90 d 后温度仍缓慢下降趋于稳定，其余岩层内部测点均随径向深度增大，温度下降程度逐渐减小。

（3）对比两种工况，考虑隔热喷注后壁面温度显著下降，而岩层内各测点在各时间点温度均高于普通工况。

5.3　巷道温度场影响因素分析

5.3.1　隔热注浆层导热系数

（1）隔热注浆层导热系数对调热圈半径的影响

以巷道通风 3 a 为研究期，针对表 5-1 中工况 1，计算隔热注浆层不同导热系数时调热圈半径并进行拟合，如图 5-6 所示。由图 5-6 可知：随着注浆层导热系数的不断减小，调热圈半径不断减小，经过 30 d 和 1 095 d 的通风冷却后，注浆层导热系数 2.4 W/(m·K) 的较 0.3 W/(m·K) 的调热圈半径分别减小 33.29% 和 42.95%。说明隔热注浆层能够显著提高巷道周边围岩的隔热能力，有效降低风流对深部围岩温度场的扰动，进而减小调热圈的范围。

（2）隔热注浆层导热系数对围岩温度场的影响

随着通风时间的增加，岩层径向埋深增大，通风冷却对围岩温度场的扰动逐渐减弱，故对于表 5-1 中工况 1，以通风 30 d 和 1 095 d 作为巷道开掘初期和长期举例，探讨注浆层不

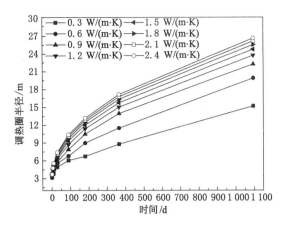

图 5-6 隔热注浆层导热系数对调热圈半径的影响

同导热系数时围岩温度场变化规律,如图 5-7 所示。

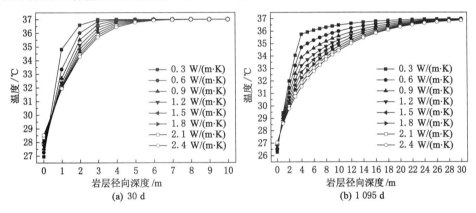

(a) 30 d

(b) 1 095 d

图 5-7 隔热注浆层导热系数对围岩温度场的影响

由图 5-7 可知:在巷道开掘初期和长期通风后,均随着注浆层导热系数降低,喷层与岩层交界处温度有所降低,而岩层内部各测点温度却随注浆层导热系数的降低而提高,并随岩层径向深度增大,逐渐趋于与原岩温度一致,且径向深度越大,提高幅度越小。由图 5-7(a) 可知:在开掘初期 30 d 时,注浆层导热系数为 0.3 W/(m·K) 较 2.4 W/(m·K) 的在岩层交界处温度降低 5.51%。由图 5-7(b) 可知:在长期通风 1 095 d 时,注浆层导热系数为 0.3 W/(m·K) 较 2.4 W/(m·K) 的在岩层交界处温度降低 2.85%。

造成上述现象的原因:注浆层导热系数较周边大范围的围岩导热系数低,有效阻绝巷道风流对岩层温度场的冷却作用,且导热系数越低,保温阻热效果越好,致使岩层温度随导热系数的减小而趋接近于原岩温度。

(3) 隔热注浆层导热系数对壁面温度的影响

由于巷道衬砌壁面温度对于矿井热环境具有重要参考价值,对于表 5-1 中工况 1,讨论注浆层导热系数对壁面温度随时间的变化情况,如图 5-8 所示。

由图 5-8(a)可知:巷道壁面温度随通风时间增加而急剧减小,至 90 d 后逐渐趋于稳定;由图 5-8(b)可知:在各个时间点,注浆层导热系数越低,壁面温度越低,尤其是在掘进初期

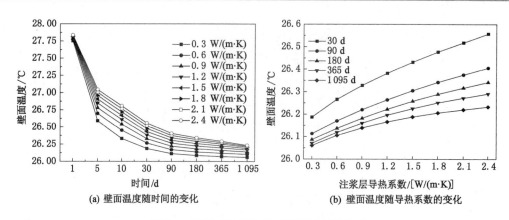

(a) 壁面温度随时间的变化　　　　　(b) 壁面温度随导热系数的变化

图 5-8　注浆层导热系数对壁面温度的影响

30 d 时,对壁面温度降低作用显著,注浆层导热系数 0.3 W/(m·K) 较 2.4 W/(m·K) 的壁面温度降低 1.39%,说明隔热注浆层的施作能够有效降低壁面温度,改善井下热湿环境。经过长期通风 1 095 d 时,对壁面温度的冷却作用减弱,注浆层导热系数 0.3 W/(m·K) 较 2.4 W/(m·K) 的壁面温度降低 0.66%,这是因为隔热注浆层的范围有限,调热圈形成稳定后原岩温度场作用于巷道壁面和周边隔热注浆层,逐渐与原岩温度一致。

5.3.2　隔热注浆层范围

（1）隔热注浆层范围对调热圈半径的影响

针对表 5-1 中工况 2,计算隔热注浆层不同范围时的调热圈半径并拟合曲线,如图 5-9 所示。由图 5-9 可知:注浆层范围对调热圈的影响不如注浆层导热系数显著,由数据分析可知随着注浆层范围扩大,调热圈半径逐渐减小。通风 30 d 后,注浆层范围 8 m 较 1 m 调热圈半径减小 8.87%,经通风 1 095 d 后调热圈半径减小 12.29%。说明增大隔热注浆层范围能够阻隔巷道风流对深部围岩温度场的扰动,减小调热圈的范围,但却不如注浆层导热系数降低影响显著。

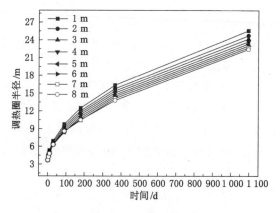

图 5-9　注浆层范围对调热圈半径的影响

（2）隔热注浆层范围对围岩温度场的影响

针对表 5-1 中工况 2,仍以掘进初期 30 d 和长期通风 1 095 d 为例,计算隔热注浆层不同范围时围岩温度并拟合曲线,如图 5-10 所示。由图 5-10 可知:与注浆层导热系数影响类似,注浆层范围越大,喷层与岩层交界处温度越低,而岩层内部各测点温度反而提高,并逐步趋于与原岩温度一致。掘进初期 30 d 时,注浆层范围 8 m 较 1 m 在岩层交界处温度降低 1.23%;长期通风 1 095 d 时,注浆层范围 8 m 较 1 m 在岩层交界处温度降低 1.19%。比较可知:增大注浆层范围可减弱巷道风流对巷道围岩温度场的影响,但不如降低注浆层导热系数影响显著。

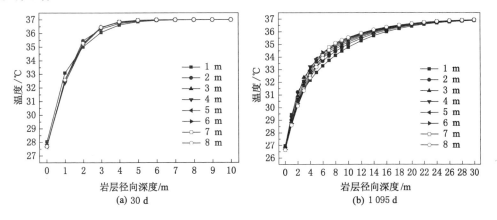

图 5-10　隔热注浆层范围对围岩温度场的影响

（3）隔热注浆层范围对壁面温度的影响

针对表 5-1 中工况 2,研究注浆层范围对壁面温度随时间的变化情况,如图 5-11 所示。与注浆层导热系数影响类似,由图 5-11(a)可知:通风初期壁面温度迅速下降,至 90 d 后逐渐趋于稳定。由图 5-11(b)可知:注浆层范围越大,对壁面温度降低作用越显著。通风初期 30 d 时,注浆层范围 8 m 较 1 m 的壁面温度降低 0.27%;经过 1 095 d 时,注浆层范围 8 m 较 1 m 的壁面温度降低 0.26%。

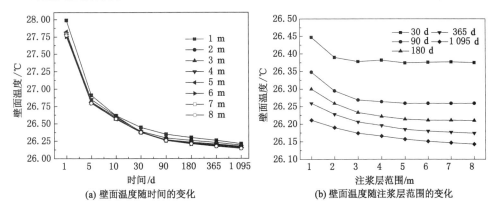

图 5-11　注浆层范围对壁面温度的影响

上述隔热注浆层参数对调热圈半径、围岩温度场分布、壁面温度的影响具有相似的规律。通过设置隔热注浆层可以有效减少巷道风流对围岩温度场的扰动,减少围岩热量向巷道风流传递,控制调热圈半径,降低壁面温度。随着注浆层导热系数减小,注浆层范围扩大,控制作用不断增强,而随着通风时间增加,围岩温度逐渐与原岩温度一致。

但对比可知:注浆层导热系数的降低较注浆范围的扩大,对巷道围岩温度控制的影响显著。因此,对于构建主动隔热结构控制井巷热环境,应着力研发适于井下施工的隔热注浆材料,对巷道温度场的控制更有益。

5.3.3　隔热喷层导热系数

（1）隔热喷层导热系数对调热圈半径的影响

针对表 5-1 中工况 3,计算喷层不同导热系数时调热圈半径并拟合曲线,如图 5-12 所示。由图 5-12 可知:随着喷层导热系数不断减小,调热圈半径也不断减小,经过 30 d 通风冷却,喷层导热系数 0.2 W/(m·K)较 1.6 W/(m·K)的调热圈半径减小 9.83%,经过 1 095 d 减小 6.30%。说明与隔热注浆层作用类似,施作隔热能力强的混凝土喷层能够有效减轻风流对深部围岩温度场的扰动,减小调热圈的范围。而对比图 5-6 和图 5-12 可知:各时间段隔热喷层的影响较隔热注浆层的小得多。

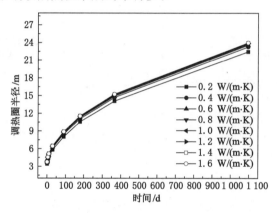

图 5-12　喷层导热系数对调热圈半径的影响

（2）隔热喷层导热系数对围岩温度场的影响

针对表 5-1 中工况 3,以 30 d 和 1 095 d 为例,研究混凝土喷层不同导热系数时围岩温度场变化规律,如图 5-13 所示。由图 5-13 可知:在各通风时间,随着岩层径向深度增大,岩层温度逐渐升高;随着喷层导热系数减小,岩层内各点温度不断升高,且随径向深度增大,其原始温度受通风冷却程度降低,提高程度逐渐减小。说明与隔热注浆层类似,施作隔热能力强的混凝土喷层,能够有效阻隔巷道风流对岩层温度场的冷却作用,因而对岩层原始温度的影响逐渐减弱,客观造成岩层各点温度提高,在喷层与岩层交界处温度差异最大,且提高作用随通风时间增加而逐渐减弱。在通风 30 d 和 1 095 d 后,喷层与岩层交界处温度值,喷层导热系数 0.2 W/(m·K)较 1.6 W/(m·K)的分别提高 11.31% 和 6.06%。同样,对比图 5-7 和图 5-13 可知:各时间段隔热喷层的影响程度较隔热注浆层小得多。

（3）隔热喷层导热系数对壁面温度的影响

针对表 5-1 中工况 3,研究喷层导热系数对壁面温度随时间的变化情况,如图 5-14 所示。与注浆层导热系数降低作用类似,减小围岩热量向巷道风流扩散,因而壁面温度显著降低。由图 5-14(a)可知:通风初期巷道壁面温度迅速下降,至 90 d 后趋于稳定;由图 5-14(b)

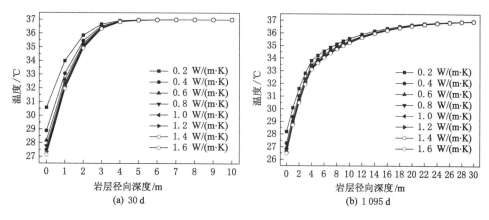

图 5-13 喷层导热系数对围岩温度场的影响

可知:在各个时间点,随着喷层导热系数降低,壁面温度随之下降,且随着通风时间增加,降低程度逐渐减小。在刚开掘 1 d 时,喷层导热系数 0.2 W/(m·K)较 1.6 W/(m·K)的壁面温度降低 6.09%,而在开掘 30 d 时,喷层导热系数 0.2 W/(m·K)较 1.6 W/(m·K)的壁面温度仅降低 0.33%,随后对壁面温度的影响极小。

对比图 5-8 和图 5-14 可知:在巷道开掘 10 d 初期,隔热喷层的降低作用显著大于隔热注浆层,之后随着通风时间增加,其影响程度逐渐减小,并逐渐低于隔热注浆层的影响。

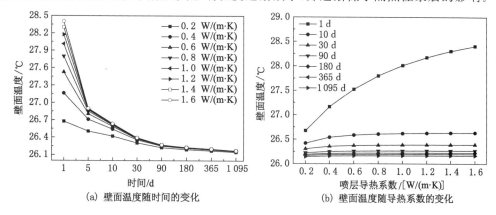

图 5-14 喷层导热系数对壁面温度的影响

5.3.4 隔热喷层厚度

(1)隔热喷层厚度对调热圈半径的影响

针对表 5-1 中工况 4,计算喷层不同厚度时调热圈半径并拟合曲线,如图 5-15 所示。由图 5-15 可知:喷层厚度对调热圈半径的影响极小。由数据分析可知:在各通风时间,调热圈半径随喷层厚度改变的变化范围为 1% 左右。说明增大混凝土喷层厚度对围岩温度场的影响极小,远低于喷层导热系数的降低和隔热注浆层的施作,原因是本工况时在巷道周围施作了具有较强隔热能力和较大范围的隔热注浆层,阻碍了巷道隔热喷层隔热能力的发挥,也从侧面反映了考虑隔热喷注构建阻热圈后,能够较为全面、大范围起到改善巷道热环境的作用,有效减少巷道风流对围岩温度场的扰动。

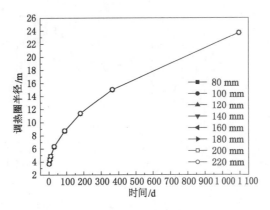

图 5-15　喷层厚度对调热圈半径的影响

（2）隔热喷层厚度对围岩温度场的影响

针对表 5-1 中工况 4,以 30 d 和 1 095 d 为例,研究喷层不同厚度时围岩温度场变化规律,如图 5-16 所示。由图 5-16 可知:喷层厚度的增大对围岩温度场的影响远低于喷层导热系数的降低和隔热注浆层的施作,且随着通风时间增加,其影响程度逐渐降低。仍然以喷层与原岩交界处温度差异最大。由数据分析可知:通风 30 d 时,在喷层与岩层交界处,喷层厚度 220 mm 较 80 mm 温度提高了 4.50%,通风 1 095 d 时温度提高了 2.04%。

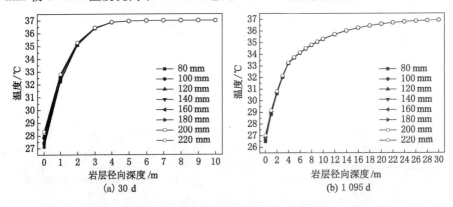

图 5-16　喷层厚度对围岩温度场的影响

（3）隔热喷层厚度对壁面温度的影响

针对表 5-1 中工况 4,研究喷层厚度对壁面温度随时间变化情况,如图 5-17 所示。同样,其对壁面温度的影响极小,远低于喷层导热系数的降低和隔热注浆层的施作。由图 5-17(a)可知:在通风前期,30 d 以前,壁面温度迅速下降,至 90 d 后逐渐趋于稳定,且喷层厚度对壁面温度的降低有一定的有益效果。由图 5-17(b)可知:在巷道开掘 1 d 时,喷层厚度 220 mm 较 80 mm 壁面温度降低 2.87%,而在巷道开掘 30 d 时,壁面温度仅降低 0.04%,其后各时间段壁面温度几乎无变化,可见随着通风时间增加,喷层厚度对壁面温度的作用效果明显减弱。这是因为随着通风时间增加,巷道壁面逐渐被风流冷却,喷层对巷道壁面温度影响程度逐渐降低。

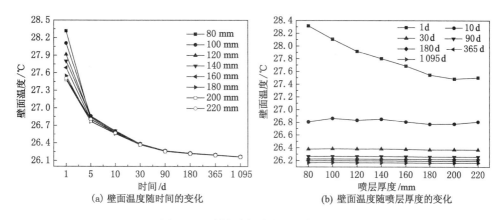

(a) 壁面温度随时间的变化　　　　(b) 壁面温度随喷层厚度的变化

图 5-17　喷层厚度对壁面温度的影响

　　上述隔热混凝土喷层参数对调热圈半径、围岩温度场分布、壁面温度的影响表明:与隔热注浆层类似,设置具有隔热性能的混凝土喷层可以有效减少巷道风流对围岩温度场的扰动,而且在通风初期效果较明显。

　　但对比可知:降低喷层导热系数对围岩温度场的控制,比喷层厚度增大的影响大,且随着喷层厚度的增大,通风时间的增加,反而会造成喷层内部温度梯度增大,隔热能力趋于饱和。此外,与施作隔热注浆层相比,施作隔热喷层对围岩温度场的控制影响较小。

　　以上分析表明:设置隔热注浆层、隔热喷层构建主动阻热圈可以有效控制围岩温度场,并通过对不同工况的分析,讨论了隔热注浆层导热系数、隔热注浆层范围、隔热喷层导热系数、喷层厚度对调热圈半径、岩层温度、壁面温度的单因素影响,但各因素对温度场的影响显著性、敏感性情况却不易区分,为此进行敏感性分析。

5.4　巷道温度场敏感性分析

5.4.1　不同因素对调热圈半径敏感性

　　根据敏感性分析方法,具体分析步骤根据本书前述内容。最终直观表示各因素对调热圈半径的敏感性[189-190],如图 5-18 所示。由图 5-18 可知:本工况时注浆层导热系数对调热圈半径的敏感度始终占较大比例;而在通风 90 d 前,喷层导热系数敏感度较注浆层范围大,随着通风延长至 3 a 稳定后,注浆层范围敏感度较喷层导热系数大;喷层厚度在整个通风期间敏感度最小,且随着通风时间增加,敏感度逐渐降低至没有影响。

　　说明在考虑隔热喷注构建阻热圈的巷道结构中,导热系数低、阻热能力强的隔热材料能够决定调热圈的大小,而施作隔热注浆层范围、隔热喷层厚度为次要因素。

5.4.2　不同影响因素对围岩温度敏感性

　　对围岩温度场在通风前期(30 d)和长期通风期(1 095 d)受不同因素的影响进行敏感性分析,如图 5-19 所示。由图 5-19 可知:本工况时各个通风期内注浆层导热系数始终占据较大比例,且随着径向深度增大,逐渐占据主导地位;而在岩层径向深度 5 m 内,喷层导热系

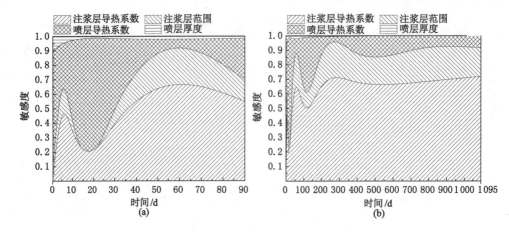

图 5-18　不同影响因素对调热圈半径的敏感度

数、喷层厚度较注浆层范围敏感度大,之后随岩层径向深度增大,注浆层范围敏感度逐渐提高。说明设置隔热注浆层和喷层可有效影响围岩温度场分布,且在围岩径向深度 5 m 范围内隔热喷层较隔热注浆层的影响大。

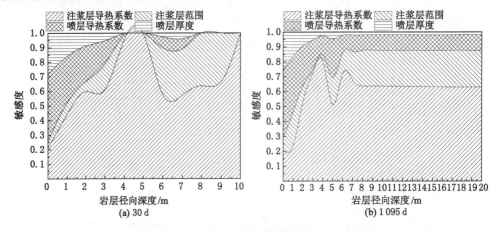

图 5-19　不同影响因素对围岩温度场的敏感度

5.4.3　不同因素对壁面温度敏感性

巷道壁面温度受不同因素影响敏感性分析如图 5-20 所示。由图 5-20 可知:与调热圈半径、围岩温度场分布类似,在通风前期(30 d),壁面温度主要受隔热喷层的影响,随着通风时间增加(1 095 d),隔热注浆层逐渐发挥作用,注浆层导热系数逐渐占据主导地位,注浆层范围其次;隔热喷层影响敏感度较小。在喷层热物理参数方面,喷层导热系数始终较喷层厚度敏感度大;在注浆层物理参数方面,注浆层导热系数始终较范围敏感度大。说明在巷道掘进初期,隔热喷层能够降低壁面温度,减弱围岩温度场对巷道风温的扰动,而随着通风时间增加,由隔热注浆层构建的阻热圈逐渐发挥作用。

综上可见,在通风前期 30 d,隔热喷层能够阻隔围岩热量,减少巷道风流对围岩温度场的影响,而随时间增加逐渐减弱;隔热注浆层逐渐发挥作用,并在通风 3 a 后,调热圈逐渐稳

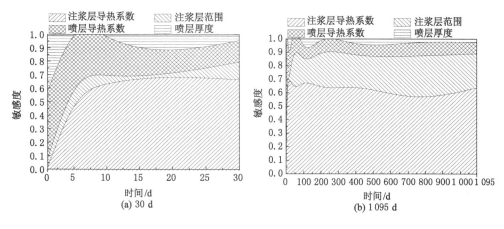

图 5-20　不同影响因素对壁面温度的敏感度

定,仍能有效影响围岩温度场分布;导热系数的降低较注浆层范围的扩大、隔热喷层厚度的增大影响显著。故在巷道施工过程中考虑隔热喷注构建阻热圈,对于井巷热环境的控制有积极意义,并应着力研发导热系数低、隔热能力强的新型隔热喷注材料,以实现主动隔热降温的井巷热环境控制思路。

5.5　本章小结

使用 ANSYS 软件对考虑隔热喷注构建阻热圈的主动隔热巷道温度场进行了较为详尽的分析,研究隔热注浆层导热系数、隔热注浆层范围、隔热喷层导热系数、隔热喷层厚度对巷道温度场的影响规律。

(1)基于隔热喷注的巷道温度场分布规律:比较普通工况和考虑隔热喷注构建阻热圈工况时的巷道温度场,结果表明两种工况时温度场具有相似规律,调热圈半径均随着通风时间呈幂指数关系增大,岩层内部温度随径向深度逐渐上升并趋于与原岩温度一致,壁面温度在通风 30 d 后逐渐趋于平缓,但考虑隔热喷注后,调热圈半径、壁面温度减小明显,而岩层内各点在各时间点温度均高于普通工况。

(2)各影响因素对巷道温度场分布的影响:施作隔热注浆层、隔热喷层构建阻热圈可以有效控制围岩温度场,减少巷道风流对围岩温度场的扰动,减小调热圈半径,降低壁面温度。随着注浆层导热系数降低、范围扩大、喷层导热系数降低、厚度增大,降低幅度不断增大;而随通风时间增加,影响程度不断降低,在通风初期(10 d),隔热喷层可以有效降低壁面温度,通风 30 d 后,隔热注浆层逐渐发挥作用,对壁面温度、调热圈半径影响显著。

(3)巷道温度场分布规律敏感性分析:采用低导热系数的隔热喷注材料构建隔热喷注结构,是调热圈半径、围岩温度场分布的决定因素,而注浆层范围、喷层厚度是次要因素,且随时间增加,岩层径向深度增大,注浆层热物理参数逐渐占据主导地位;喷层热物理参数在通风前期(30 d),有效阻隔了围岩热量扩散,对壁面温度降低有利,随着通风时间增加,隔热注浆层逐渐占据主导地位。故考虑隔热喷注构建阻热圈对井巷热环境控制具有积极意义,且研发隔热能力强的新型喷注材料比无限制扩大隔热材料施作范围效果更好。

6 深部高温巷道轻集料混凝土喷层材料研制

基于前述主动隔热机理研究,开发轻集料混凝土喷层构建主动隔热支护结构,大量研究证实轻集料混凝土具有耐高温、抗碳化、自养护、界面区增强效应等优良特性[194-198]。本章利用轻粗集料陶粒和轻细集料玻化微珠隔热能力强的优点,见表 6-1,部分取代普通集料,既保证强度可靠,又能降低材料重度,有效提高隔热性能,探索开发出适宜深部高温巷道的隔热混凝土材料,满足矿山及地下工程喷射混凝土支护要求[199-201]。

表 6-1　轻集料与普通集料导热系数和密度对比

项目	碎石	陶粒	砂子	玻化微珠
导热系数/[W/(m·K)]	1.8~2.4	0.032~0.045	0.58~0.74	0.032~0.045
密度/(kg/m³)	2 500~2 700	500~1 500	2 500~2 700	80~130

首先使用电镜扫描的方法对轻集料混凝土的作用机理展开研究。通过正交试验方法研制陶粒隔热混凝土喷层材料、陶粒玻化微珠隔热混凝土喷层材料,测试所研制材料的力学性能和隔热性能,讨论各因素对材料各项性能的影响,并得出最佳配合比。为后续隔热喷层的施作、矿山隔热混凝土衬砌结构的提出提供基础。

6.1 原材料选用与试件制备

6.1.1 原材料选用

6.1.1.1 胶凝材料

（1）水泥

试验采用淮南八公山牌强度等级为 42.5 的复合硅酸盐水泥,3 d 抗压强度和 28 d 抗压强度分别为 29.99 MPa 和 49.75 MPa,其微观形貌和 XRD 衍射分析如图 6-1 所示。

（2）粉煤灰

研究表明:掺入适量粉煤灰能有效填充混凝土内部孔隙,润滑、均质化和分散水泥,优化水泥水化条件,其活性成分 SiO_2 和 Al_2O_3 与碱性激发剂 $Ca(OH)_2$ 反应生成水化硅酸钙胶凝和水化铝酸钙晶体,与水泥水化产物交叉连接,提高长期强度。此外,球形颗粒状粉煤灰在拌和过程中起到润滑作用,有效改善浆液流动性,满足喷射混凝土工作性能的需要[202-204]。

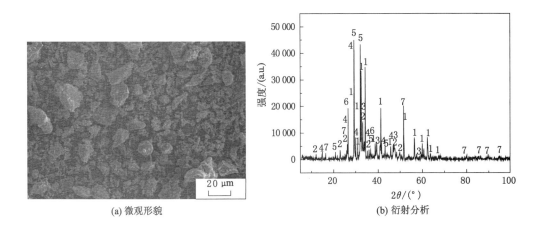

(a) 微观形貌   (b) 衍射分析

1—Ca_3SiO_5；2—$Ca_2Al_{1.30}Fe_{0.02}$；3—$Ca_9(Al_2O_6)_3$；4—Ca_2SiO_4；

5—$CaCO_3$；6—SiO_2；7—$Al_{4.66}Si_{1.39}O_{9.75}$。

图 6-1 水泥微观形貌与衍射分析

试验采用淮南平圩电厂产 Ⅰ 级粉煤灰，其化学成分见表 6-2，其微观形貌和 XRD 分析如图 6-2 所示。

表 6-2 粉煤灰化学成分（质量百分数）   单位：%

成分	SiO_2	Al_2O_3	Fe_2O_3	CaO	MgO	Na_2O	烧失量
含量	53.26	34.72	4.07	2.47	0.39	1.90	4.07

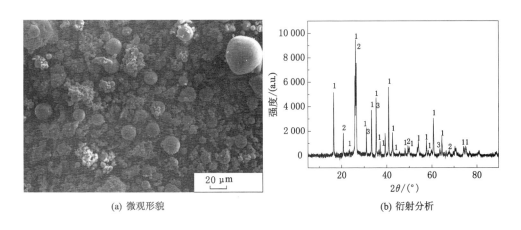

(a) 微观形貌   (b) 衍射分析

1—Al_2SiO_5；2—SiO_2；3—$Mg_2Fe_{0.6}Al_{1.4}O_4$

图 6-2 粉煤灰微观形貌与衍射分析

6.1.1.2 粗集料

（1）瓜子片：为满足喷射需要，减少回弹量，选用 5～15 mm 连续级配瓜子片，表观密度为 2 750 kg/m³。试验前均对瓜子片进行淘洗、晾晒，去除含泥量、杂质等对试验结果的影响。

（2）轻粗集料：选用淮南金瑞建材厂产页岩陶粒，为满足喷射需要，选用 3 种典型粒径，之后配成连续级配陶粒进行室内试验，其性能指标见表 6-3，实拍照如图 6-3 所示。

表 6-3　页岩陶粒性能指标

编号	粒径/mm	堆积密度 /(kg/m³)	表观密度 /(kg/m³)	筒压强度 /MPa	1 h 吸水率 /%	类型	含泥量/%
页岩陶粒Ⅰ	2～5	456	848	≥3.5			
页岩陶粒Ⅱ	5～10	415	769	≥2.5	9.5～12	普通型	1.6
页岩陶粒Ⅲ	10～15	369	686	≥1.5			

(a) 粒径 2～5 mm

(b) 粒径 5～10 mm

(c) 粒径 10～15 mm

图 6-3　试验页岩陶粒实拍

陶粒是一种多孔人造轻集料，分为外壳和内核两部分，外壳较内核结构致密，采用 SEM 观察微观形貌（图 6-4），XRD 衍射分析如图 6-5 所示。由微观分析可知：各粒径陶粒外表面呈粗陶状结构，肉眼可见开放状孔，放大观察可见部分孔隙，内核孔径较大，有部分封闭球状孔和连成通路的孔，呈明显网络状结构；在相同放大倍数下，随着粒径逐渐增大，外壳陶状结构逐渐粗大，宏观角度表现为强度逐渐降低，但内核孔结构特征各粒径陶粒微观形貌相似，决定其吸返水特性类似。

6.1.1.3　细集料

（1）砂：选用中砂，其中粒径小于 0.075 mm 的颗粒不超过 20%，细度模数为 2.8，表观密度为 2 600 kg/m³。

（2）轻细集料：选用河南信阳金华兰矿业有限公司产玻化微珠，其性能指标见表 6-4，实拍照片如图 6-6 所示。

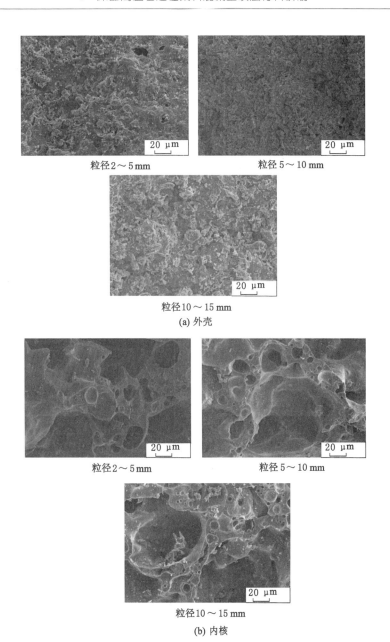

图 6-4 页岩陶粒微观形貌

表 6-4 玻化微珠性能指标

粒度/mm	堆积密度 /(kg/m³)	表观密度 /(kg/m³)	筒压强度 /MPa	导热系数 /[W/(m·K)]	耐火度/℃	1 MPa 压力 体积损失率/%
0.5~1.5	80~120	80~130	≥150	0.032~0.045	1 280~1 360	38~46

玻化微珠是一种非金属轻质保温绝热材料,是由松脂岩矿经开采后破碎、筛分、高温瞬时燃烧膨胀玻化形成,其内部多孔,表面玻化封闭,呈球状细粒径颗粒,目前广泛应用于地面

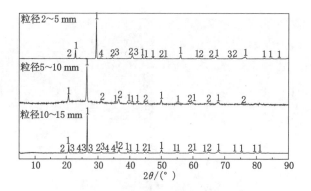

1—SiO$_2$；2——Al$_2$O$_3$；3—MgO；4—Fe$_2$O$_3$。

图 6-5　页岩陶粒衍射分析

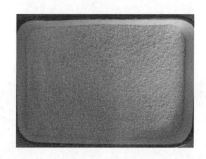

图 6-6　玻化微珠实拍

保温墙体,也有在建筑结构中应用的案例。其微观形貌如图 6-7 所示,可见内部呈明显蜂窝状多孔结构,该种特殊结构延长热量在材料内部的传递路径,增加了内部孔隙,使热量既在材料中传递又在空气中传递,从而增大能量耗散损失,提高隔热能力;而外表面玻化封闭呈球状,但在混凝土拌和过程中遭受挤压、振动等极易破碎,造成强度损失。

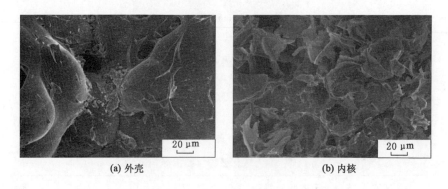

(a) 外壳　　　　　　　　　　　(b) 内核

图 6-7　玻化微珠微观形貌

6.1.1.4　减水剂

选用陕西秦奋建材有限公司产的 HPWR 高性能减水剂,其性能指标见表 6-5。

表 6-5　减水剂性能指标

减水率/%	泌水率比/%	含气量/%	凝结时间之差/min		抗压强度比/%			推荐掺量/%
			初凝时间	终凝时间	3 d	7 d	28 d	
28	42	2.5	35	50	167	158	149	0.8~1.2

注:表中各指标均为添加减水剂与添加之前之间的比较。

6.1.2　试件制备与养护

采用经淘洗后的瓜子片、砂子,去除含水和含泥影响,对页岩陶粒和玻化微珠轻集料预湿处理,预湿时间 1 h,后续试验证实预湿后的轻集料不仅有利于提高后期强度,还对拌合物的流动性有益。采用图 6-8 所示工艺流程成型。微观试验试件尺寸为 70.7 mm×70.7 mm×70.7 mm,正交试验抗压强度、抗拉强度测试试件尺寸为 100 mm×100 mm×100 mm,抗折强度测试试件尺寸为 400 mm×100 mm×100 mm,导热系数测试试件尺寸为 300 mm×300 mm×30 mm,成型 24 h 后拆模,在室内温度(20±2)℃的过饱和 Ca(OH)$_2$ 溶液中养护至 28 d 进行试验。

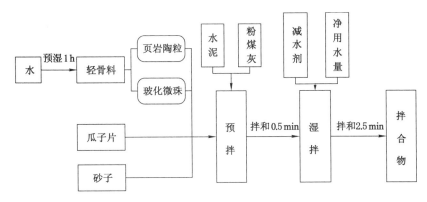

图 6-8　混凝土成型工艺流程

6.2　轻集料混凝土作用机理

混凝土最为薄弱区域为浆体与集料黏结界面区域,其结构与性能直接影响材料强度、收缩、徐变及渗透等力学、耐久特性,而界面区性能、结构取决于集料的种类和性能[205-206]。吴中伟等[83]指出混凝土性能进一步提高,必须关注集料与胶凝材料的界面区域微观组成以及组分间的相互作用。

国内外学者针对轻集料混凝土界面微观结构性能和作用机理进行了大量工作。祁景玉等[207-208]、胡曙光等[61]揭示了由于轻集料表面存在孔洞和缺陷,从而极易吸附水泥浆,致使结构密实化以形成坚固水化产物;而 M. H. Zhang 等[209-210]、王发洲[90]、杨婷婷[91]先后提出轻集料与水泥石界面结构理论模型。上述研究均证实轻集料混凝土集料界面区域已不再是材料最薄弱区域。界面区理论模型概述在第 1 章已进行讨论,此处不赘述。本节以页岩陶粒和玻化微珠两种研究材料为对象,探讨其不同龄期时界面区域的微观结构,以揭示轻集料混凝土作用机理。

6.2.1 轻集料与水泥石相互作用机理

材料的宏观行为取决于其组成和内部结构,宏观上混凝土是由水泥石、集料及其界面区两相或三相组成的复合材料,细观上水泥石是各种水化产物和未水化产物颗粒、水、气等的多相复合体。混凝土的性质取决于各相材料各自性质及其相互间关系和整体均匀性,界面过渡区将性质完全不同的水泥浆体和集料连成一个整体,对混凝土的性质起决定性作用。普通混凝土界面过渡区主要受水泥浆体影响,而对于轻集料混凝土,集料表面特性、结构、含水率与水泥浆体对界面过渡区均有十分重要的影响[211-212]。

不同混凝土界面区有不同的作用机理,在浆体与集料间界面处,以力学嵌锁作用为主;在细颗粒之间,如掺合料和水泥浆体,以分子间作用力为主。对于普通混凝土,界面过渡区是钙矾石 AFt 和 C-S-H 粗大晶体富集区,并呈定向排列,水分在集料表面富集,形成高水灰比状态,造成界面区结构疏松和孔隙率高。此外普通集料弹性模量较高,与水泥石强度、弹性模量相差较大,吸收应力能力较强,成为混凝土微裂纹发源地,因此界面区是普通混凝土最薄弱区域,是外界有害物质侵入的通道。而轻集料由于表面多孔、粗糙,与普通集料与水泥石界面区的形成有所不同。

① 轻集料强度和弹性模量较低,一般为 8～17 GPa,800 级的高强陶粒弹性模量一般为 16～18 GPa,与水泥石的强度和弹性模量更接近,使得轻集料混凝土的应力分布较均匀,材料破坏过程中水泥石吸收更多的应力,裂缝发源地产生于水泥石基体而不再是界面区。

② 轻集料往往经预湿配制混凝土,具有吸水和供水作用,吸水使轻集料周围处于低水灰比状态,提高集料与水泥石界面黏结力;内部储存的水分在水泥硬化过程中逐渐释放,起到供水效果,形成自养护效应,由内向外对轻集料周围水泥石进行养护,促进附近水泥硬化、提高密实度。

③ 由于轻集料表面多孔、粗糙,轻集料与水泥石之间机械咬合作用较强;陶粒主要成分为硅酸盐和铝硅酸盐玻璃相,表面包裹一层玻璃体外壳,具有潜在化学活性,能够与水泥水化产物发生化学反应。因此,轻集料与水泥石之间相互作用不仅有物理作用,还有化学作用。

综上所述,轻集料与水泥石之间界面处既有物理、化学作用,又有机械咬合作用,界面区已然不是材料最薄弱区域,且轻集料本身质量、颗粒级配、预处理工艺等均对材料有重要影响。因此,研究轻集料与水泥石界面区结构特征显得尤为必要。

6.2.2 轻集料水泥石界面区微观结构

探讨页岩陶粒和玻化微珠两种轻集料与水泥石界面区微观结构,采用陶粒Ⅰ和玻化微珠轻集料,进行不预湿和预湿处理,同时控制水灰比保持用水量一致,研究水泥在由多孔性轻集料构造的水化环境中的水化硬化机理,各组试样配合比见表 6-6。将不同配合比的材料养护至规定龄期后切掉试件上下段各 15 mm 左右,以消除离析影响,破开试样选择集料与水泥石连接部分进行微观形貌观察。

表 6-6　微观试验材料配合比

试件编号	$m_{水泥}$/kg	$m_{陶粒}$/kg	$m_{玻化微珠}$/kg	$m_水$/kg	水灰比	备注
L1	468	344	—	187.2	1：0.40	未预湿
L2	468	344	—	140.4	1：0.30	预湿 1 h
L3	468	—	100	163.8	1：0.35	未预湿
L4	468	—	100	140.4	1：0.30	预湿 1 h

（1）各龄期表观密度

各组材料表观密度如图 6-9 所示,可见随着养护龄期增加,表观密度不断增大并趋于稳定,但未预湿的 L1 和 L3 试件,其增长幅度明显较预湿的 L2 和 L4 试件的大,说明预湿后轻集料具有较好的保水性,在养护过程中发挥自养护效应,不断释放水分促进水泥内部养护。

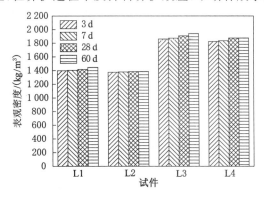

图 6-9　各组材料试件表观密度

（2）各龄期抗压强度

各龄期各组材料抗压强度如图 6-10 所示,可见对陶粒轻集料而言,未预湿的 L1 试件早期（3 d 和 7 d）抗压强度较预湿的 L2 试件的高,而 28 d 后预湿后的轻集料材料强度增长较大,L2 试件后期（28 d 和 60 d）抗压强度较 L1 试件大,体现出陶粒轻集料的自养护效果,促进后期强度发展,这与相关研究结论一致[64]。L1 试件 3 d 和 60 d 的抗压强度分别为 10.67 MPa 和

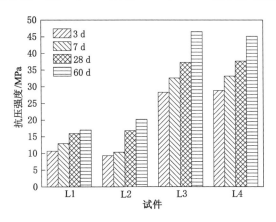

图 6-10　各组材料试件抗压强度

17.02 MPa,L2 试件 3 d 和 60 d 的抗压强度分别为 9.32 MPa 和 20.19 MPa。

但对于玻化微珠轻集料,预湿与未预湿强度变化、增长幅度区别不大;L3 试件 3 d 和 60 d 的抗压强度分别为 28.33 MPa 和 46.55 MPa,L4 试件 3 d 和 60 d 的抗压强度分别为 28.88 MPa 和 45.16 MPa。

(3) 各龄期界面区微观特性

试件 7 d、28 d 和 60 d 各龄期界面区微观结构如图 6-11 至图 6-14 所示。可见轻集料与水泥石在结构上有非常大的区别,轻集料含有许多孔、缝隙,且孔径明显比水泥石的大,结构较水泥石疏松,轻集料与水泥石十分紧密地黏结在一起,良好界面结构是轻集料混凝土各种优异宏观性能的内在原因,随着水化龄期增长,各试件中水泥石日趋均匀和密实。

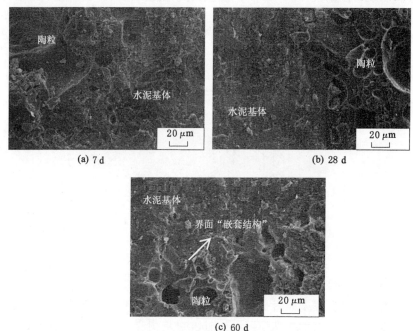

图 6-11　L1 试件各龄期界面区微观形貌

图 6-11、图 6-12 为 L1 和 L2 试件水泥浆体与页岩陶粒界面结构,可以发现:7 d 时,L1 试件界面区水化程度较 L2 试件高,L2 试件界面区有大量絮状凝胶和钙矾石晶体,水泥石结构较疏松,同时由于轻集料表面粗糙,影响水泥石水化产物中晶体的生长空间,因而在界面区没有发现粗大晶体的定向排列,这是 L2 试件预湿陶粒不断促进界面区水化的缘故,因而早期强度较低。随着养护龄期增加,水泥水化程度增大,水泥石孔隙率逐渐降低,结构变得更致密,在水化后期 60 d 时轻集料与水泥石界面区出现"嵌套结构",在交界区域水泥继续水化,进一步说明轻集料内部水分具有养护作用,有利于提高轻集料自身强度,进而改善材料宏观力学性能,因此造成 L2 试件后期强度不断增长并超越 L1 试件。

图 6-13、图 6-14 为 L3 和 L4 试件水泥浆体与玻化微珠界面结构,两者水化程度相差不大,说明是否预湿对于玻化微珠轻集料与水泥石水化影响不大,与上述强度测试结论一致。同样,随着养护龄期增加水泥石结构更致密,水泥石紧紧包裹在玻化微珠轻集料周围,起支撑保护轻集料作用,而蜂窝状玻化微珠由于其独特的网状结构,延长热量在材料中的传递路

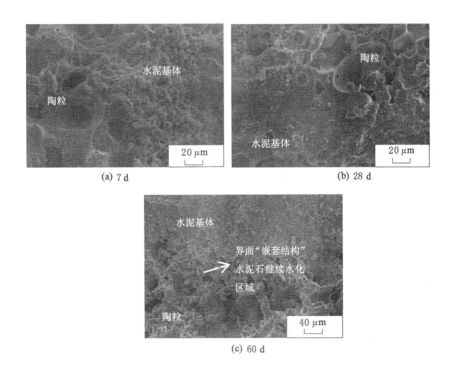

图 6-12　L2 试件各龄期界面区微观形貌

图 6-13　L3 试件各龄期界面区微观形貌

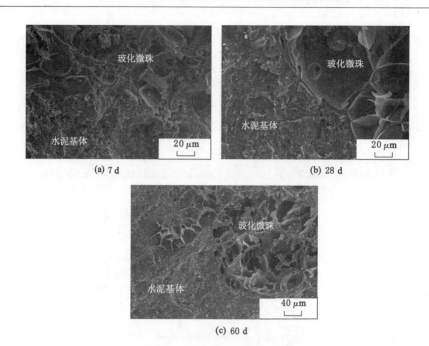

图 6-14　L4 试件各龄期界面区微观形貌

径,有利于提高材料的隔热能力。

6.2.3　轻集料混凝土界面区微观结构

讨论轻集料混凝土中轻集料与水泥石界面区、普通集料与水泥石界面区、水泥石水化等微观特征,选择陶粒 I 和玻化微珠经预湿 1 h 作为轻质粗细集料。由于玻化微珠表观密度较小且吸水率大,吸水后不易控制质量与体积,因此按照绝对体积法设计混凝土配合比无法控制绝对体积。为此经实验室多次试配,以控制混凝土拌合物工作性能适于喷射。普通混凝土配合比为 1:1.84:1.84:0.45,粉煤灰占水泥质量的 20%,页岩陶粒掺量为粗骨料总质量的 40%,玻化微珠以 100 kg/m³ 计掺入,试件尺寸为 100 mm×100 mm×100 mm,养护至规定龄期取样进行电镜扫描,具体配合比见表 6-7。

表 6-7　微观试验混凝土配合比

试件编号	$m_{胶凝材料}$/kg		$m_{粗集料}$/kg		$m_{细集料}$/kg		$m_{水}$/kg	水胶比
	水泥	粉煤灰	瓜子片	页岩陶粒 I	砂子	玻化微珠		
C1	467.84	—	860.82	—	860.82	—	210.53	1:0.45
C2	374.27	93.57	860.82	—	860.82	—	210.53	1:0.45
LC1	467.84	—	516.49	344.33	860.82	—	168.42	1:0.36
LC2	467.84	—	860.82	—	860.82	100	168.42	1:0.36
LC3	374.27	93.57	516.49	344.33	860.82	—	168.42	1:0.36
LC4	374.27	93.57	860.82	—	860.82	100	168.42	1:0.36
LC5	467.84	—	516.49	344.33	860.82	100	168.42	1:0.36
LC6	374.24	93.57	516.49	344.33	860.82	100	168.42	1:0.36

（1）工作性能

各组混凝土工作性能见表6-8。可以发现所配制各组混凝土工作性能大多数属于大流动度混凝土，满足喷射混凝土施工要求。加入玻化微珠轻集料的L2、L4、L5和L6试件工作性能均较佳，比普通混凝土流动性更好，原因是玻化微珠吸水性较强，其吸水率达200%～300%，使拌合物流动性有较大幅度提高。

表 6-8 混凝土工作性能对比

试件编号	坍落度/mm	扩展度/mm	工作性能	试件编号	坍落度/mm	扩展度/mm	工作性能
C1	210	570	☆	C2	220	580	☆
LC1	40	230	△	LC2	180	510	☆
LC3	50	260	△	LC4	200	550	☆
LC5	270	650	☆	LC6	250	630	☆

注：☆表示工作性能优，适用于喷射混凝土；△表示工作性能较差。

（2）各龄期表观密度

各组试件表观密度如图6-15所示，可以看出：轻集料混凝土表观密度明显较普通混凝土低，大部分低于1 950 kg/m³，满足轻集料混凝土的要求。此外还发现，轻集料混凝土7 d、28 d后表观密度仍有所增大，与上节研究结论一致，反映了轻集料释水促进水泥长期水化。

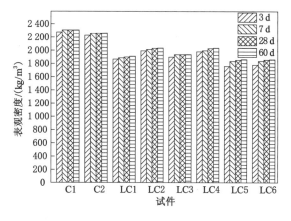

图 6-15 混凝土表观密度

（3）各龄期抗压强度

各组试件抗压强度如图6-16所示，可以看出：各组轻集料混凝土抗压强度较普通混凝土低得多，普通混凝土抗压强度在35 MPa以上，加入粉煤灰后，强度降低较明显，降低约10%；加入页岩陶粒的轻集料混凝土LC1和LC3试件，60 d抗压强度达20 MPa，粉煤灰对其强度的削弱较小；加入玻化微珠的轻集料混凝土LC2和LC4试件的抗压强度约为15 MPa，同样粉煤灰对其削弱较小；同时加入页岩陶粒和玻化微珠的轻集料混凝土，抗压强度进一步降低至10 MPa，粉煤灰影响依旧较弱。

此外，轻集料混凝土7 d早期抗压强度占28 d抗压强度的50%～60%，和普通混凝土相差不大，较粉煤灰混凝土C2试件高，但轻集料混凝土在28 d以后抗压强度依然有较大提

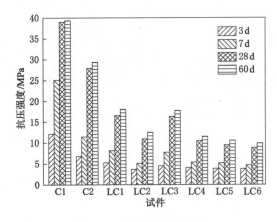

图 6-16　混凝土抗压强度

高，提高幅度约为 10%，粉煤灰混凝土 28 d 后抗压强度也有所增大，而普通混凝土几乎不增长，说明轻集料内养护作用和粉煤灰对材料长期强度的提高作用。

（4）各龄期界面区微观特征

对各组试件各龄期微观形貌特征进行取样观察，C1、LC1、LC2 试件 7 d、28 d、60 d 时的典型微观形貌如图 6-17、图 6-18、图 6-19 所示。

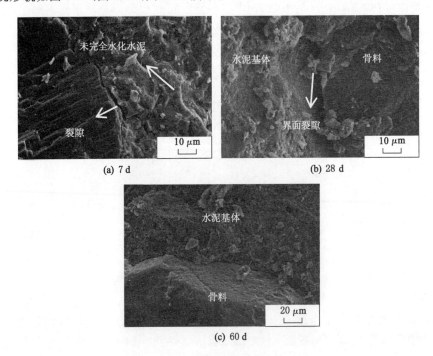

图 6-17　C1 试件各龄期界面区微观形貌

从图 6-17 至图 6-19 中各龄期微观形貌可见：各组试件在水化早期有大量板状和絮状凝胶、钙矾石晶体，水泥石结构较为疏松多孔，随着龄期增长水泥水化程度不断增大至完全致密。如图 6-17 所示，在普通混凝土 C1 试件中粗骨料与水泥石间往往出现裂隙，这是混凝土受压破坏的内在原因，骨料与水泥石界面裂隙是材料薄弱处。

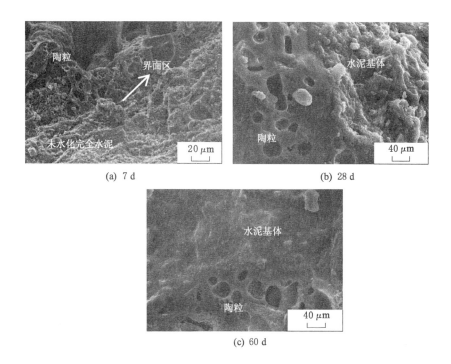

图 6-18　LC1 试件各龄期界面区微观形貌

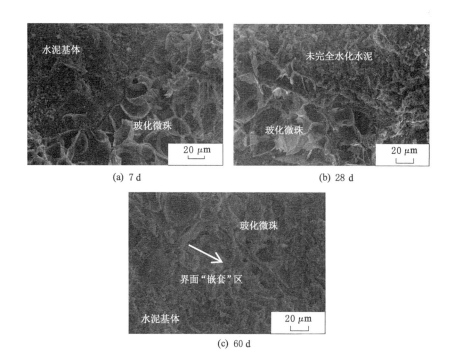

图 6-19　LC2 试件各龄期界面区微观形貌

而轻集料混凝土 LC1 试件中，陶粒与水泥石间往往形成"嵌套"界面区，随着预湿陶粒在养护过程中不断释放水分，界面连接处水泥石愈发致密。从图 6-18 所示发展趋势可明显看出界面连接处水泥石水化非常充分，有大量 C-S-H 凝胶生成。此外水泥石填充于轻集料表面孔洞或凹陷，减轻轻集料受力过程中应力集中，改善轻集料受力。因此，轻集料能改变材料内部缺陷，其破坏往往是集料本身强度低所致，克服了普通混凝土界面区薄弱区的劣势。

玻化微珠轻集料混凝土，随着养护龄期增加，水泥石不断水化与玻化微珠牢固结合，至 60 d 时形成明显的界面"嵌套结构"，如图 6-19 所示，但玻化微珠依然保持良好形态，表现为独特的蜂窝状结构。

图 6-20 为试件 C2、LC3 和 LC4 的 28 d、60 d 龄期水化产物形貌及结构，由于掺加粉煤灰，可以发现粉煤灰颗粒镶嵌于水泥石中，起到微集料作用，这也是在混凝土配制拌和过程和宏观力学试验中，随着粉煤灰的加入，其工作性能和长期强度有所提高的原因。

6.3　试验方法与数据处理

6.3.1　试验方法

采用正交试验方法设计各组试验配合比，测试材料宏观力学和隔热性能，测试指标包括表观密度、含水率、抗压强度、劈裂抗拉强度、抗折强度以及导热系数。

混凝土力学性能测试参照《普通混凝土力学性能试验方法标准》(GB/T 50081—2019)，采用长春试验机研究所所产 CSS-YAN3000 压力试验机，其中抗压强度、劈裂抗拉强度试件尺寸为 100 mm×100 mm×100 mm，抗折强度试件尺寸为 100 mm×100 mm×400 mm。抗压强度、劈裂抗拉强度、抗折强度分别按式(6-1)、式(6-2)、式(6-3)计算。

$$f_{cu,k} = 0.95 f_{cu} = 0.95 F/A \tag{6-1}$$

式中　$f_{cu,k}$——混凝土标准立方体试件抗压强度，MPa；

　　　f_{cu}——混凝土试件抗压强度，MPa；

　　　F——破坏荷载，kN；

　　　A——承压面积，mm^2。

$$F_t = 2P/(A\pi) \tag{6-2}$$

式中　F_t——混凝土试件抗拉强度，MPa；

　　　P——试件破坏荷载，kN；

　　　A——试件承压面面积，mm^2。

$$f_{cu,k} = \frac{\partial Fl}{h^2 b} \tag{6-3}$$

式中　$f_{cu,k}$——混凝土试件抗折强度，MPa；

　　　F——破坏荷载，kN；

　　　l——支座间跨度，mm；

　　　h——试件截面高度，mm；

　　　b——试件截面宽度，mm；

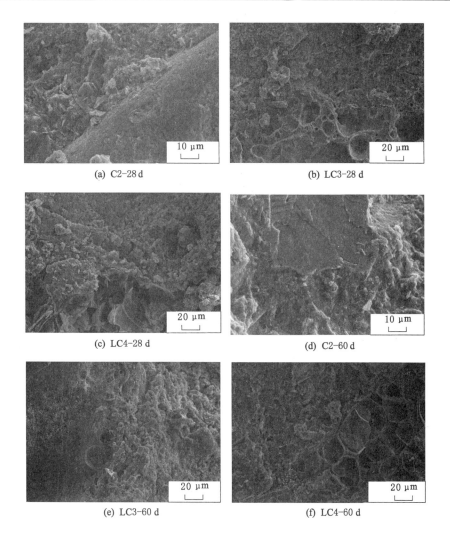

(a) C2-28 d

(b) LC3-28 d

(c) LC4-28 d

(d) C2-60 d

(e) LC3-60 d

(f) LC4-60 d

图 6-20 C2、LC3、LC4 试件各龄期界面区微观形貌

∂——折算系数,本试验取 0.85。

导热系数测试采用沈阳鑫合经纬机械电子设备有限公司所产 PDR300 导热系数测定仪。该仪器采用双平板法检测导热系数,原理如图 6-21 所示,需在加热面板和冷板间放置 2 块相同的混凝土试件,试件尺寸为 300 mm×300 mm×30 mm,加热面板和冷板间均设有防护板,试验时对加热面板加热,热量通过防护板传入和传出,沿着试件方向传递给冷板,加热面板和冷板温度均可设定调控,随着试验时间推移,加热面板和冷板温度不再变化,为一维导热状态,即得出材料导热系数[213]。

6.3.2 数据处理

采用正交试验设计分析,系指利用数理统计学与正交性原理合理安排试验的一种科学方法,具有均匀分散性和整齐可比性特点。利用规格化正交表合理安排试验,均衡搭配各因素水平,使其取值一一对称相互正交,达到利用较少次数的试验便可判断出较优的试验条件

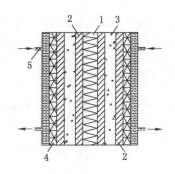

1——加热面板;2——防护板;
3——混凝土试件;4——冷板;5——冷却水。

图 6-21　双平板法导热系数测试原理

的目的[214-216]。试验数据分析方法包括极差分析法、因素指标分析法、层次分析法、功效系数法。

（1）极差分析法与因素指标分析法

判断各影响因素主次的分析方法。极差是指每个因素不同水平试验结果最大值与最小值之间的差值。设影响因素个数为 N,序号为 $j,j = 1,2,\cdots,N$;每个影响因素的水平数为 M,序号为 $i,i = 1,2,\cdots,M$,故同一因素在同一水平下只需做 M 次试验。

K_{ij} 表示因素 j 第 i 水平下试验结果指标;k_{ij} 为 j 因素在第 i 水平下 K_{ij} 值的算术平均值,反映了该因素在该水平效应的大小,将同一因素各水平下的 k_{ij} 值逐一比较,找出最佳水平和最差水平,即可得极差 $R_j = \max k_{ij} - \min k_{ij}$。由极差大小判断各影响因素的主次,极差大的表明因素影响程度大,极差小的往往影响程度小。

可用各因素的水平作横坐标,各因子在不同水平下的试验结果指标值 k_{ij} 作纵坐标,作出指标-因素关系图,得出各因素水平影响趋势,判断各因子产生的系统响应,此为因素指标分析法。

（2）层次分析法

将复杂问题分解为各个组成因素的层次结构,对正交试验而言,即在于得出各因素及其各水平对试验结果的影响权重,极差分析法侧重于得出各因素主次顺序,而层次分析法则补充了因素各水平对试验结果的影响权重。步骤如下:

设有 k 个因素,分别为 $A^{(1)},A^{(2)},\cdots,A^{(k)}$,每个因素水平数分别为 $n_1,n_2,\cdots,n_k$。记因素各水平为 $A_1^{(1)},A_2^{(1)},\cdots,A_{n1}^{(1)},A_1^{(2)},A_2^{(2)},\cdots,A_{n2}^{(2)},A_1^{(j)},A_2^{(j)},\cdots,A_{nk}^{(j)}$。

计算各因素对试验的影响权重矩阵:

$$C = \left[\frac{R_1}{\sum\limits_{i=1}^{k} R_1} \quad \frac{R_2}{\sum\limits_{i=1}^{k} R_2} \quad \cdots \quad \frac{R_k}{\sum\limits_{i=1}^{k} R_i} \right] \tag{6-4}$$

式中　R_i—— 因素 $A^{(i)}$ 的极差（$i = 1,2,\cdots,k$）。

计算试验影响效应矩阵,因素 $A^{(i)}$ 的第 j 列水平下试验数据之和记为 K_{ij},称为因素 $A^{(i)}$ 的第 j 列水平对试验的影响效应（$i = 1,2,\cdots,k;j = 1,2,\cdots,n_k$）。若试验指标越大越好,令 $M_{ij} = K_{ij}$;否则令 $M_{ij} = 1/K_{ij}$,则水平对试验影响效应矩阵为:

$$
A = \begin{bmatrix}
M_{11} & 0 & \cdots & 0 \\
M_{21} & 0 & \cdots & 0 \\
\vdots & \vdots & & \vdots \\
M_{n_1 1} & 0 & \cdots & 0 \\
0 & M_{12} & \cdots & 0 \\
0 & M_{22} & \cdots & 0 \\
\vdots & \vdots & & \vdots \\
0 & M_{n_2 2} & \cdots & 0 \\
\vdots & \vdots & & \vdots \\
0 & 0 & \cdots & M_{1k} \\
0 & 0 & \cdots & M_{1k} \\
\vdots & \vdots & & \vdots \\
0 & 0 & \cdots & M_{n_k k}
\end{bmatrix}
\tag{6-5}
$$

记

$$
S = \begin{bmatrix}
1/t_1 & 0 & \cdots & 0 \\
0 & 1/t_2 & \cdots & 0 \\
\vdots & \vdots & & \vdots \\
0 & 0 & \cdots & 1/t_k
\end{bmatrix}
\tag{6-6}
$$

式中，$t_j = \sum\limits_{i=1}^{n_j} M_{ij}(j = 1,2,\cdots,k)$。

A 右乘矩阵 S，即对 A 的每一列进行归一化。计算各因素对试验指标的影响权重：

$$
\boldsymbol{\omega} = \boldsymbol{ASC}^{\mathrm{T}}
\tag{6-7}
$$

式中　$\boldsymbol{\omega}$——$(n_1 + n_2 + \cdots\cdots + n_k) \times 1$ 向量，依次表示因素各水平 $A_1^{(1)}, A_2^{(1)}, \cdots, A_{n1}^{(1)}, A_1^{(2)}$，$A_2^{(2)}, \cdots, A_{n2}^{(2)}, \cdots, A_1^{(j)}, A_2^{(j)}, \cdots, A_{nk}^{(j)}$ 对试验的影响大小。

（3）功效系数法

功效系数法是综合评价和多目标决策的一种有效方法，是在对多个指标进行同度量化的基础上确定功效系数，再将各功效系数加以综合，确定综合评价值，从而评价被研究对象的综合状况[217-218]。其评价过程如下：

① 确定评价指标体系。要求选取的指标是有代表性，既要相互补充，又不能重复，应尽可能综合反映评价目标的状况。

② 确定各项指标的满意值和不允许值。满意值指评价指标标准中可能达到的最高水平；不允许值一般指各评价指标标准的最差水平。

③ 计算各项指标的单项功效系数，共有 4 种变量，分别为：极大型变量，指标数值越大，单项功效系数越大；极小型变量，指标数值越小，单项功效系数越大；稳定型变量，指标数值在某一点单项功效系数最大；区间型变量，在某一区间内单项功效系数最大。对本书而言，仅涉及极大型变量和极小型变量，计算公式如下。

a. 极大型变量单项功效系数：

$$d_{1i} = \begin{cases} \dfrac{X_i - X_{si}}{X_{hi} - X_{si}} \times 40 + 60 & (X_i < X_{hi}) \\ 100 & (X_i \geqslant X_{hi}) \end{cases} \tag{6-8}$$

b. 极小型变量单项功效系数：

$$d_{2i} = \begin{cases} \dfrac{X_i - X_{si}}{X_{hi} - X_{si}} \times 40 + 60 & (X_i > X_{hi}) \\ 100 & (X_i \leqslant X_{hi}) \end{cases} \tag{6-9}$$

式中　d_{1i}——第 i 个极大型评价指标的单项功效系数值；

$\quad\quad\ d_{2i}$——第 i 个极小型评价指标的单项功效系数值；

$\quad\quad\ X_i$——第 i 个评价指标的实际值；

$\quad\quad\ X_{hi}$——第 i 个指标的满意值；

$\quad\quad\ X_{si}$——第 i 个指标的不允许值。

④ 确定各项评价指标的权值系数，计算评价对象的总功效系数值：

$$G = \sum_{i=1}^{m} g_i \omega_i \tag{6-10}$$

式中　G——评价对象的总功效系数；

$\quad\quad\ g_i$——第 $i(i=1,2,\cdots,m)$ 个评价指标的单项功效系数值；

$\quad\quad\ \omega_i$——第 i 个评价指标的权重系数。

6.4　陶粒隔热混凝土正交试验

6.4.1　配合比设计

基于室内试验研究成果，发现连续级配陶粒更有利于材料各项性能的提高[194,197]，为此由各颗粒级配陶粒Ⅰ—Ⅲ配备连续级配陶粒Ⅳ—Ⅵ，探讨最适宜陶粒粒径级配，采用正交试验方法得出最佳配合比。

基准配合比为 $m_{胶凝材料}：m_{瓜子片}：m_{砂子}=1：1.84：1.84$，水灰比为 0.36。正交试验设计了 4 种因素，A 因素为 3 种不同连续级配页岩陶粒Ⅳ、Ⅴ、Ⅵ，具体级配见表 6-9；B 因素为各类型陶粒取代率，分别为按质量比取代瓜子片质量的 20%、40%、60%；C 因素为粉煤灰取代量，各水平为水泥质量的 10%、20%、30%；同时控制砂子用量作为因素 D，减水剂掺量为胶凝材料的 0.5%。具体因素水平见表 6-10，选用正交表 $L_9(3^4)$ 设计试验，具体配合比见表 6-11。

表 6-9　不同连续级配页岩陶粒参数

试件编号	颗粒级配/%			堆积密度 /(kg/m³)	筒压强度 /MPa	吸水率/%	含泥量/%
	≤5 mm	≤10 mm	≤15 mm				
页岩陶粒Ⅳ	79	92	100	600	≥3.0	≤16	≤2.0
页岩陶粒Ⅴ	20	60	100	510	≥2.0	≤12	≤1.2
页岩陶粒Ⅵ	1	14	100	400	≥1.5	≤9	≤0.8

表 6-10 因素水平表

因素水平	陶粒级配(A)	陶粒占粗骨料用量(B)/%	粉煤灰占水泥用量(C)/%	砂子用量(D)/(kg/m³)
1	Ⅳ	20	10	860
2	Ⅴ	40	20	571
3	Ⅵ	60	30	428

表 6-11 混凝土配合比　　　　　　　　　　　　　单位:kg

试件编号	水泥	瓜子片	陶粒种类	陶粒用量	粉煤灰	砂子	水	减水剂
LC1(A1B1C1D1)	421.1	688.7	Ⅳ	172.2	46.8	860.0	168.5	2.3
LC2(A1B2C2D2)	374.3	516.5	Ⅳ	344.3	93.6	571.0	168.5	2.3
LC3(A1B3C3D3)	327.5	344.3	Ⅳ	516.5	140.4	428.0	168.5	2.3
LC4(A2B1C2D3)	374.3	688.7	Ⅴ	172.2	93.6	428.0	168.5	2.3
LC5(A2B2C3D1)	327.5	516.5	Ⅴ	344.3	140.4	860.0	168.5	2.3
LC6(A2B3C1D2)	421.1	344.3	Ⅴ	516.5	46.8	571.0	168.5	2.3
LC7(A3B1C3D2)	327.5	688.7	Ⅵ	172.2	140.4	571.0	168.5	2.3
LC8(A3B2C1D3)	421.1	516.5	Ⅵ	344.3	46.8	428.0	168.5	2.3
LC9(A3B3C2D1)	374.3	344.3	Ⅵ	516.5	93.6	860.0	168.5	2.3

6.4.2 试验结果

将龄期 28 d 各组试件的表观密度、含水率、导热系数、抗压强度、抗拉强度、抗折强度统计于表 6-12。

表 6-12 混凝土各项性能测试结果统计

试件编号	表观密度 /(kg/m³)	含水率/%	导热系数 /[W/(m·K)]	抗压强度 /MPa	抗拉强度 /MPa	抗折强度 /MPa
LC1	2 067	3.34	0.325 4	44.60	2.46	5.03
LC2	1 877	4.00	0.271 3	35.80	2.07	4.47
LC3	1 606	4.05	0.250 8	24.50	1.64	3.44
LC4	2 033	3.96	0.306 0	39.10	2.28	4.74
LC5	1 835	3.27	0.257 2	28.90	1.94	3.58
LC6	1 620	4.63	0.223 2	22.60	1.45	2.85
LC7	1 883	3.24	0.253 9	27.90	1.77	3.12
LC8	1 593	2.51	0.202 9	17.80	1.22	2.25
LC9	1 783	3.53	0.228 7	36.40	2.83	3.92

(1) 表观密度

由表 6-12 可以看出:各试件表观密度在 1 593~2 067 kg/m³ 之间,大部分满足轻质混凝土低于 1 950 kg/m³ 的要求,以 LC6 表观密度最低,LC1 表观密度最高,原因是陶粒轻集料取代率较大造成材料质轻;其含水率随陶粒种类、掺量、水泥水化反应等有所区别,试件含水率在 2.5%～4.0% 之间,其中 LC6 含水率最高,原因是其陶粒掺量、水泥用量较大,水泥水化需水量大。养护龄期内各组试件表观密度如图 6-22 所示,可见经过标准养护硬化后混凝土密度较新拌混凝土有一定增大,增大约 10 kg/m³。

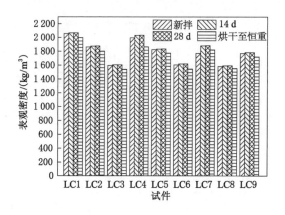

图 6-22　混凝土表观密度随龄期变化情况

（2）导热系数

图 6-23 为各组试件在 7 d、14 d、28 d 养护龄期内导热系数变化情况,结合表 6-12 可见:随着养护龄期增长,导热系数不断减小并趋于稳定,这是因为试件在养护前期轻集料预先吸收了大量水分,含水率较高,随着轻集料返水作用促进水泥水化,含水率降低速度减小,导热系数在早期随含水率骤减而迅速减小,在养护后期随含水率趋稳而随之平缓。所有试件导热系数均小于 0.35 W/(m·K),与普通混凝土 1.20～1.75 W/(m·K)相比,具有良好隔热效果;试件 LC3、LC6、LC9 导热系数相对较小,是因为这 3 组试件陶粒掺量较大,可见陶粒对于提高材料隔热性能的优势。

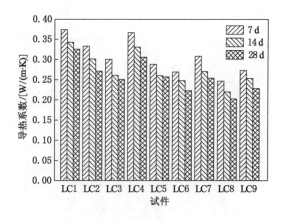

图 6-23　混凝土导热系数随龄期变化情况

此外,上述导热系数均为导热系数测定仪冷板温度在 25 ℃、冷热板温差在 10 ℃情况下的测定值。为了探究混凝土不同温度、不同温度差下导热系数的变化规律,进行了实测,测试结果见表 6-13。

表 6-13　不同冷板温度、冷热板温差时导热系数测定值　单位：W/(m·K)

试件编号	冷热板温差 10 ℃			冷板温度 25 ℃		
	冷板温度 15 ℃	冷板温度 25 ℃	冷板温度 35 ℃	温差 5 ℃	温差 10 ℃	温差 15 ℃
LC1	0.313 0	0.325 4	0.332 4	0.297 1	0.325 4	0.349 0
LC2	0.257 5	0.271 3	0.285 6	0.246 8	0.271 3	0.295 7
LC3	0.237 5	0.250 8	0.261 5	0.223 0	0.250 8	0.278 7
LC4	0.292 6	0.306 0	0.310 9	0.287 4	0.306 0	0.318 8
LC5	0.250 8	0.257 2	0.265 7	0.234 2	0.257 2	0.283 5
LC6	0.211 1	0.223 2	0.226 9	0.201 5	0.223 2	0.248 4
LC7	0.242 1	0.253 9	0.263 5	0.238 5	0.253 9	0.276 9
LC8	0.205 8	0.202 9	0.219 5	0.196 7	0.202 9	0.225 7
LC9	0.220 5	0.228 7	0.235 8	0.213 4	0.228 7	0.247 7

由表 6-13 可见：采用双平板法测量混凝土导热系数，当冷热板温差相同时，冷热板温度越高，所测得导热系数呈增大趋势；当冷板温度相同时，冷热板温差越大，所测得导热系数增大。

（3）抗压强度、抗拉强度、抗折强度

由表 6-12 中抗压强度、抗拉强度、抗折强度统计结果可得：

① 各组试件抗压强度在 17.80～44.60 MPa 之间，抗拉强度在 1.22～2.46 MPa 之间，抗折强度在 2.25～5.03 MPa 之间，且抗压强度、抗拉强度、抗折强度呈现很好的相关性，各组试件 7 d 和 14 d 抗压强度约占 28 d 的 73% 和 84%，体现出轻集料混凝土早期强度发展的优势，以轻集料取代较少的 LC1 试件各项力学性能较优，而取代量较大、砂子用料较少的 LC8 试件力学性能最低。各组试件 7 d、14 d、28 d 抗压强度如图 6-24 所示。

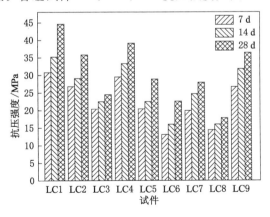

图 6-24　混凝土抗压强度随龄期变化情况

② 陶粒掺量对混凝土强度影响很大，主要原因是陶粒本身强度较低，筒压强度为 1.5～3.0 MPa；陶粒掺量相同而类型不同的试件，掺入颗粒级配中粒径大、量大的试件强度低于掺入级配中粒径小、量大的试件，原因是前者颗粒体积比例大。说明陶粒粒径和掺量对材料

的强度有较大影响。

③ 砂率同样是影响材料强度的主要因素,混凝土强度随砂率不同而出现波动,原因是:砂率过低,粗集料间空隙未被充填密实,随砂率提高,孔隙率减小,混凝土更密实,强度随之提高;而砂率过高,粗集料用量降低,细集料用量增大,水泥用量不变,使得砂浆本身密实程度降低,陶粒和水泥石间界面强度和机械啮合作用下降,受力时陶粒本身破坏和沿界面破坏两种破坏方式共存,造成材料强度降低,此外砂率过高还会引起分层离析和泌水,稳定性降低。

6.4.3 试验结果分析

(1) 极差与因素指标分析

① 28 d 混凝土表观密度极差分析见表 6-14,28 d 混凝土表现密度效应曲线如图 6-25 所示。

表 6-14　28 d 混凝土表观密度极差分析表　　　　单位:kg/m³

	因素 A	因素 B	因素 C	因素 D
k_1	1 850.00	1 994.33	1 760.00	1 895.00
k_2	1 829.33	1 768.33	1 897.67	1 793.33
k_3	1 753.00	1 669.67	1 774.67	1 744.00
R	97.00	324.67	137.67	151.00
影响从大到小顺序	B、D、C、A			

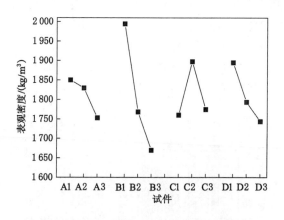

图 6-25　28 d 混凝土表观密度效应曲线

由极差分析表 6-14 可知:各因素对表观密度影响从大到小顺序为:陶粒掺量(因素 B)、砂子用量(因素 D)、粉煤灰掺量(因素 C)、陶粒级配(因素 A)。由于陶粒与瓜子片密度存在较大差异(表 6-1),而砂子密度又较大,因此二者成为影响材料表观密度的主要因素,而粉煤灰与水泥密度相近,各级配陶粒密度差值也较小,为次要因素。由效应曲线可知:随着陶粒级配改变,陶粒掺量增加、砂子用量减少,表观密度呈明显下降趋势,但粉煤灰掺量为20%时表观密度最大。

② 冷板温度为 25 ℃,冷热板温差为 5 ℃、10 ℃、15 ℃时导热系数极差分析见表 6-15,10 ℃温差时的效应曲线如图 6-26 所示。

表 6-15　28 d 不同温差时混凝土导热系数极差分析　　　　单位:W/(m・K)

	5 ℃温差导热系数				10 ℃温差导热系数				15 ℃温差导热系数			
	A	B	C	D	A	B	C	D	A	B	C	D
k_1	0.256	0.274	0.232	0.248	0.283	0.295	0.251	0.270	0.308	0.315	0.274	0.293
k_2	0.241	0.226	0.249	0.229	0.262	0.244	0.269	0.250	0.284	0.268	0.287	0.274
k_3	0.216	0.213	0.232	0.236	0.229	0.234	0.254	0.253	0.250	0.258	0.280	0.274
R	0.040	0.061	0.017	0.019	0.054	0.061	0.018	0.020	0.058	0.057	0.013	0.019
影响从大到小顺序	B、A、D、C				B、A、D、C				A、B、D、C			

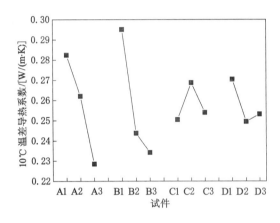

图 6-26　10 ℃温差混凝土导热系数效应曲线

　　由表 6-15 可知:各因素对导热系数影响从大到小顺序为:陶粒掺量(因素 B)、陶粒级配(因素 A)、砂子用量(因素 D)、粉煤灰掺量(因素 C)。由图 6-26 可知:随着陶粒掺量增加,陶粒粒径增大,材料导热系数不断减小,二者是主要影响因素,而粉煤灰掺量和砂子用量均存在最优掺量,且对导热系数的影响较小,为次要影响因素。此外,对于冷板温度分别为 15 ℃、25 ℃、35 ℃,温差为 10 ℃时的导热系数数据进行极差分析得出与之相同的结论。

　　③ 28 d 抗压强度、抗拉强度、抗折强度极差分析见表 6-16,效应曲线图 6-27 所示。

表 6-16　28 d 混凝土抗压强度、抗拉强度、抗折强度极差分析表　　　　单位:MPa

	28 d 抗压强度				28 d 抗拉强度				28 d 抗折强度			
	A	B	C	D	A	B	C	D	A	B	C	D
k_1	34.97	37.20	28.33	36.63	2.06	2.17	1.71	2.41	4.31	4.30	3.38	4.18
k_2	30.20	27.50	37.10	28.77	1.89	2.74	2.39	1.76	3.72	3.43	4.38	3.48
k_3	27.37	27.83	27.10	27.13	1.94	1.97	1.78	1.71	3.10	3.40	3.38	3.48
R	7.60	9.70	10.00	9.50	0.17	0.43	0.68	0.70	1.22	0.89	1.00	0.70
影响从大到小顺序	C、B、D、A				D、C、B、A				A、C、B、D			

　　由表 6-16 和图 6-27 可知:随着陶粒粒径不断增大,陶粒掺量增加,混凝土抗压强度、抗拉强度、抗折强度均有不同程度降低。通过极差分析,4 个因素对力学性能均有影响,且影

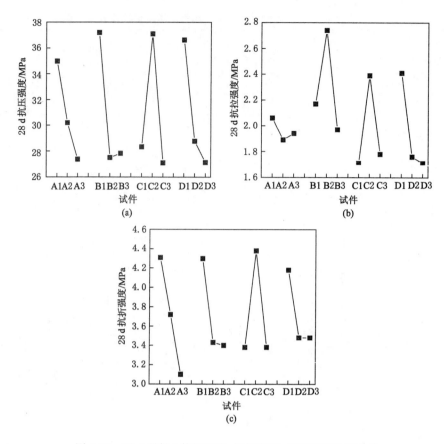

图 6-27　28 d 混凝土抗压强度、抗拉强度、抗折强度效应曲线

响程度相差不大。但粉煤灰掺量却存在最优掺量 20%，各项力学指标最高；而砂子用量处于水平 1 时，各项力学指标性能最佳，为最优用量。

由上述各图表分析可知：混凝土表观密度、导热系数和强度受陶粒掺量影响较大，随着取代率增大而降低，同时受不同颗粒级配陶粒和砂率影响。当选用颗粒级配中粒径较大陶粒 Ⅵ 且用量较多，用砂量又较小时，即 LC8，导致混凝土砂率减小，水泥用量不变，致使粗集料内部空隙未被充填密实，导致强度下降明显。而当选用颗粒级配中粒径较小陶粒 Ⅳ，用砂量又较小时，即 LC2 和 LC3，造成混凝土砂率过小，水泥用量恒定，致使水泥砂浆本身密实度降低，陶粒与水泥石间机械啮合作用下降，受力破坏产生于强度较低的陶粒本身和界面区两处，导致强度下降。此外，过高的砂率还会导致离析和泌水，从而降低稳定性。

（2）层次分析

对试验结果进行层次分析，得到各因素水平对陶粒隔热混凝土各项性能指标的影响权重值，计算结果见表 6-17。

由表 6-17 可知：4 个因素对表观密度的影响权重按从大到小顺序分别为：陶粒掺量（因素 B，0.457 1）、砂子用量（因素 D，0.212 6）、粉煤灰掺量（因素 C，0.193 8）、陶粒种类（因素 A，0.136 6）；在陶粒掺量 3 个水平中，以 B_1 影响权重最大；在砂子用量 3 个水平中，以 D_1 影响权重最大；在粉煤灰掺量 3 个水平中，以 C_2 影响权重最大；在陶粒种类 3 个水平中，以 A_1 影响权重最大。

表 6-17　各因素水平对混凝土各项性能的影响权重

性能	因素水平	影响权重	因素水平	影响权重	因素水平	影响权重	因素水平	影响权重
表观密度	A1	0.046 5	B1	0.167 8	C1	0.062 8	D1	0.074 2
	A2	0.046 0	B2	0.148 8	C2	0.067 7	D2	0.070 2
	A3	0.044 1	B3	0.140 5	C3	0.063 3	D3	0.068 2
10 ℃温差导热系数	A1	0.128 1	B1	0.151 1	C1	0.038 2	D1	0.047 6
	A2	0.118 9	B2	0.124 8	C2	0.041 0	D2	0.043 9
	A3	0.103 6	B3	0.119 9	C3	0.038 8	D3	0.044 6
抗压强度	A1	0.078 0	B1	0.105 9	C1	0.083 1	D1	0.102 2
	A2	0.067 4	B2	0.078 3	C2	0.108 9	D2	0.080 2
	A3	0.061 0	B3	0.079 2	C3	0.079 5	D3	0.075 7
抗拉强度	A1	0.029 5	B1	0.079 7	C1	0.100 6	D1	0.144 5
	A2	0.027 1	B2	0.064 0	C2	0.140 7	D2	0.105 7
	A3	0.027 8	B3	0.072 4	C3	0.104 9	D3	0.102 7
抗折强度	A1	0.123 5	B1	0.090 4	C1	0.079 5	D1	0.068 8
	A2	0.106 6	B2	0.072 2	C2	0.103 1	D2	0.057 3
	A3	0.088 7	B3	0.071 6	C3	0.079 6	D3	0.057 3

由表 6-17 可知:4 个因素对导热系数的影响权重按从大到小顺序分别为:陶粒掺量(因素 B,0.395 8)、陶粒种类(因素 A,0.350 6)、砂子用量(因素 D,0.136 1)、粉煤灰掺量(因素 C,0.118 0);陶粒掺量以 B1 影响权重最大,陶粒种类以 A1 影响权重最大,砂子用量以 D1 影响权重最大,粉煤灰掺量以 C2 影响权重最大。

由表 6-17 可知:4 个因素对抗压强度的影响权重相差不大,按从大到小顺序分别为:粉煤灰掺量(因素 C,0.271 5)、陶粒掺量(因素 B,0.263 4)、砂子用量(因素 D,0.258 1)、陶粒种类(因素 A,0.206 4);粉煤灰掺量以 C2 影响权重最大,陶粒掺量以 B1 影响权重最大,砂子用量以 D1 影响权重最大,陶粒种类以 A1 影响权重最大。

由表 6-17 可知:4 个因素对抗拉强度的影响权重按从大到小顺序分别为:砂子用量(因素 D,0.352 9)、粉煤灰掺量(因素 C,0.346 2)、陶粒掺量(因素 B,0.216 1)、陶粒种类(因素 A,0.084 4);砂子用量以 D1 影响权重最大,粉煤灰掺量以 C2 影响权重最大,陶粒掺量以 B1 影响权重最大,陶粒种类以 A1 影响权重最大。

由表 6-17 可知:4 个因素对抗折强度的影响权重按从大到小顺序分别为:陶粒种类(因素 A,0.318 8)、粉煤灰掺量(因素 C,0.262 2)、陶粒掺量(因素 B,0.234 2)、砂子用量(因素 D,0.183 4);陶粒种类以 A1 影响权重最大,粉煤灰掺量以 C2 影响权重最大,陶粒掺量以 B1 影响权重最大,砂子用量以 D1 影响权重最大。

(3) 功效系数法分析

以试验指标作为各项评价指标,表观密度、导热系数为极小型指标,按式(6-9)计算功效系数,而抗压强度、抗拉强度、抗折强度为极大型指标,按式(6-8)计算功效系数。评价指标满意值和不允许值根据各项试验数据最大值和最小值确定。

权重是一个相对概念,为某一指标在整体评价中的相对重要程度,权重因人而异。由于各项试验指标可分为两类,取表观密度和导热系数权重系数分别为 0.25;而抗压强度、抗拉强度和抗折强度,作为力学性能具有一致性,故权重均分别取 0.167,5 项指标满足归一化条件。

计算各项性能指标功效系数和总功效系数,见表 6-18。由表 6-18 可知:LC9 的总功效系数值最大,为各项系数综合性能指标最优配合比。

表 6-18 陶粒隔热混凝土功效系数

试件编号	评价指标					总功效系数
	表观密度 ($\omega_1 = 0.25$)	导热系数 ($\omega_2 = 0.25$)	抗压强度 ($\omega_3 = 0.167$)	抗拉强度 ($\omega_4 = 0.167$)	抗折强度 ($\omega_5 = 0.167$)	
LC1	60.00	60.00	100.00	90.81	100.00	78.56
LC2	76.03	77.67	86.87	81.12	91.94	81.83
LC3	98.90	84.36	70.00	70.44	77.12	82.15
LC4	62.87	66.33	91.79	86.34	95.83	78.05
LC5	79.58	82.27	76.57	77.89	79.14	79.47
LC6	97.72	93.37	67.16	65.71	68.63	81.42
LC7	75.53	83.35	75.07	73.66	72.52	76.67
LC8	100.00	100.00	60.00	60.00	60.00	80.06
LC9	83.97	91.58	87.76	100.00	84.23	89.31

6.5 陶粒玻化微珠隔热混凝土正交试验

6.5.1 配合比设计

根据前节可知:陶粒Ⅳ所制备的混凝土具有更高的强度,为此选用陶粒Ⅳ级配作为本节隔热混凝土的隔热基材;其次,玻化微珠由于具有极强的吸水性,能够显著改善材料工作性能和可喷射性等,为此利用最适宜的连续级配陶粒与玻化微珠共同配制隔热混凝土,采用正交试验方法得出最佳配合比。

设计正交试验因素水平分别为:A 因素陶粒掺量占粗骨料用量的 20%、40%、60%;B 因素玻化微珠掺量为 60 kg/m³、100 kg/m³、140 kg/m³;因素 C 粉煤灰掺量为水泥用量的 10%、20%、30%;同时控制砂子用量作为因素 D,减水剂用量为胶凝材料用量的 0.5%,选用正交表 $L_9(3^4)$ 设计试验,具体因素水平见表 6-19,具体配合比见表 6-20。

表 6-19 因素水平表

因素水平	A 陶粒占粗 骨料用量/%	B 玻化微珠掺量 /(kg/m³)	C 粉煤灰占 水泥用量/%	D 砂子用量 /(kg/m³)
1	20	60	10	860
2	40	100	20	571
3	60	140	30	428

表 6-20　混凝土配合比 　　　　　　　　　　　单位:kg

试件编号	水泥	粗骨料		细骨料		粉煤灰	水	减水剂
		瓜子片	陶粒	砂子	玻化微珠			
LC1(A1B1C1D1)	421.1	688.7	172.2	860	60	46.8	168.5	2.3
LC2(A1B2C2D2)	374.3	688.7	172.2	571	100	93.6	168.5	2.3
LC3(A1B3C3D3)	327.5	688.7	172.2	428	140	140.4	168.5	2.3
LC4(A2B1C2D3)	374.3	516.5	344.3	428	60	93.6	168.5	2.3
LC5(A2B2C3D1)	327.5	516.5	344.3	860	100	140.4	168.5	2.3
LC6(A2B3C1D2)	421.1	516.5	344.3	571	140	46.8	168.5	2.3
LC7(A3B1C3D2)	327.5	344.3	516.5	571	60	140.4	168.5	2.3
LC8(A3B2C1D3)	421.1	344.3	516.5	428	100	46.8	168.5	2.3
LC9(A3B3C2D1)	374.3	344.3	516.5	860	140	93.6	168.5	2.3

6.5.2　试验结果

将各组试件龄期为 28 d 时的表观密度、含水率、抗压强度、抗拉强度、抗折强度以及冷板温度 25 ℃、冷热板温差 10 ℃时的导热系数统计于表 6-21 中。

表 6-21　混凝土各项性能测试结果

试件编号	表观密度/(kg/m³)	含水率/%	导热系数/[W/(m·K)]	抗压强度/MPa	抗拉强度/MPa	抗折强度/MPa
LC1	1 956	6.39	0.253 1	28.50	1.86	2.52
LC2	1 724	1.68	0.212 3	30.80	1.97	3.18
LC3	1 546	6.92	0.203 6	22.30	1.31	2.69
LC4	1 776	2.08	0.208 2	25.80	1.62	3.16
LC5	1 818	4.35	0.205 2	26.70	1.44	2.39
LC6	1 589	2.52	0.193 2	22.20	1.43	2.10
LC7	1 760	3.47	0.213 9	27.10	1.56	2.08
LC8	1 525	1.11	0.178 9	18.80	1.32	1.83
LC9	1 650	3.52	0.183 7	20.30	1.22	1.61

（1）表观密度

由表 6-21 可知:各组试件 28 d 表观密度在 1 525～1 956 kg/m³ 之间,满足轻集料混凝土密度要求,以加入轻集料较多的 LC8 表观密度最低,以 LC1 表观密度最高;其含水率在 1.11%～6.92% 之间,区间较大,以 LC3 含水率最大,其原因是加入较多玻化微珠,砂子用量较少,而玻化微珠吸水性极强,经预湿处理能达到 200%～300%,因此含水率较高。养护龄期内各组混凝土试件表观密度变化情况如图 6-28 所示,可见由于玻化微珠的掺入,经标准养护硬化后混凝土密度较新拌混凝土增大近 20 kg/m³。

（2）导热系数

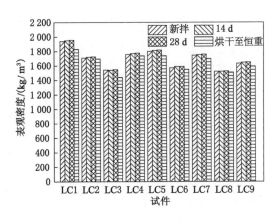

图 6-28　混凝土表观密度随龄期变化情况

由表 6-21 可知：各组试件 28 d 导热系数在 0.178 9～0.253 1 W/(m·K)之间，在玻化微珠掺量较大的各组试件中，如 LC3、LC6、LC9 导热系数明显较低，较陶粒隔热混凝土导热性能进一步降低，说明玻化微珠多孔轻集料的加入使材料内部孔隙数量和孔隙体积比增大，改变热量传递路径，改善隔热效果。

此外，同样测试各组试件在冷板温度分别为 15 ℃、25 ℃、35 ℃，冷热板温差分别为 5 ℃、10 ℃、15 ℃时的导热系数，得出随着冷板温度提高、温差增大，导热系数增大的规律，与前节相同，此处仅列出冷板温度 25 ℃、温差 10 ℃时的测试值。整理统计了各组试件在 7 d、14 d、28 d 各龄期的导热系数，如图 6-29 所示，可见随着养护龄期增加，导热系数呈下降趋势而后逐渐趋于稳定，和前述结论一致。

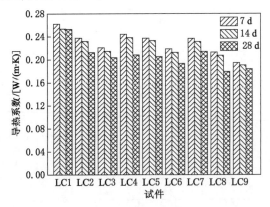

图 6-29　混凝土导热系数随龄期变化情况

（3）抗压强度、抗拉强度、抗折强度

由表 6-21 可知：各组试件 28 d 抗压强度在 18.80～30.80 MPa 之间，抗拉强度在 1.22～1.97 MPa 之间，抗折强度在 1.61～3.18 MPa 之间，所有试件均满足井巷混凝土喷层 C15 的强度要求，且各种强度值之间保持一致的关联性。同样以轻集料取代量较少的 LC2 试件各项力学性能最优，而以取代量较多的 LC9 试件力学性能最低。但应该看到：虽然采用最优颗粒级配陶粒，但由于加入强度极低的玻化微珠，混凝土强度出现较大幅度损失，隔热能力的增长是以强度损失为代价的。

统计整理了7 d、14 d抗压强度值分别约占28 d抗压强度的65％、77％，如图6-30所示。

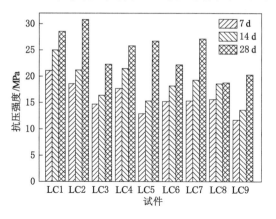

图6-30　混凝土抗压强度随龄期变化情况

6.5.3　试验结果分析

（1）极差与因素指标分析

① 28 d表观密度极差分析见表6-22，效应曲线如图6-31所示。

表6-22　28 d混凝土表观密度极差分析　　　　　单位：kg/m³

	因素 A	因素 B	因素 C	因素 D
k_1	1 742.00	1 830.67	1 690.00	1 808.00
k_2	1 727.67	1 689.00	1 716.67	1 691.00
k_3	1 645.00	1 595.00	1 708.00	1 615.67
R	97.00	235.67	26.67	192.33
影响从大到小顺序	B、D、A、C			

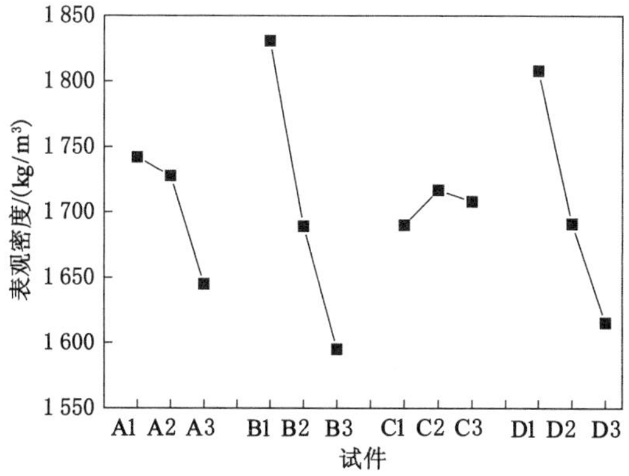

图6-31　28 d混凝土表观密度效应曲线

由表6-22可知：各影响因素对表观密度影响从大到小顺序为：玻化微珠掺量（因素B）、砂子用量（因素D）、陶粒掺量（因素A）、粉煤灰掺量（因素C），因素B和因素D为主要影响因素,陶粒掺量次之,而粉煤灰由于与水泥重度相当,对表观密度影响不大,掺量 10％时表观密度最大。由图 6-31 可知:随陶粒、玻化微珠取代率不断增大和砂子用量水平不断降低,表观密度下降明显。

②28 d 导热系数极差分析见表 6-23,效应曲线如图 6-32 所示。

表 6-23　28 d 混凝土导热系数极差分析　　　　单位:W/(m·K)

	因素 A	因素 B	因素 C	因素 D
k_1	0.223 0	0.225 1	0.208 4	0.214 0
k_2	0.202 2	0.198 8	0.201 4	0.206 5
k_3	0.192 2	0.193 5	0.207 6	0.196 9
R	0.030 8	0.031 6	0.007 0	0.017 1
影响从大到小顺序	B、A、D、C			

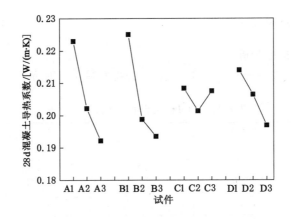

图 6-32　28 d 混凝土导热系数效应曲线

由表 6-23 可知:各因素对混凝土导热系数影响从大到小顺序为:玻化微珠掺量(因素 B)、陶粒掺量(因素 A)、砂子用量(因素 D)、粉煤灰掺量(因素 C),玻化微珠和陶粒的影响程度相差不大,R 值相接近,为主要影响因素,而砂子和粉煤灰为次要因素。由图 6-32 可知:随着陶粒、玻化微珠掺量增加,砂子用量减少,材料导热系数下降明显,而粉煤灰用量存在最佳水平 2,即掺量 20％,材料隔热性能最佳,说明加入粉煤灰对材料的隔热性能有一定的改善效果,在其他学者的研究中也有所体现[219]。

一般混凝土导热系数与密度关系密切,密度大小反映材料内部孔隙率的大小,玻化微珠和陶粒两种材料导热系数较其他骨料低得多,且与水泥石形成嵌套结构,在混凝土内部形成多孔结构,使热量不仅在固体材料中传递,还在孔隙中传递,而空气本身就是很好的绝热介质,导热系数仅为 0.026 W/(m·K)[220],尤其是玻化微珠,其导热系数与空气接近,内部有大量空腔结构,表面玻化封闭,空腔内不流通的空气也充当良好的隔热介质。由效应曲线图可知:陶粒和玻化微珠对材料的隔热效果的提高均有所帮助,从极差分析数据来看,玻化微珠对隔热效果的改善比陶粒略高。

③28 d 抗压强度、抗拉强度、抗折强度极差分析见表 6-24,效应曲线如图 6-33 所示。

表 6-24　28 d 混凝土抗压强度、抗拉强度、抗折强度极差分析　　　单位:MPa

	28 d 抗压强度				28 d 抗拉强度				28 d 抗折强度			
	A	B	C	D	A	B	C	D	A	B	C	D
k_1	27.20	27.13	23.17	25.17	1.71	1.68	1.54	1.51	2.80	2.59	2.15	2.17
k_2	24.90	25.43	25.63	26.70	1.50	1.58	1.60	1.65	2.55	2.45	2.65	2.45
k_3	22.07	21.60	25.37	22.30	1.37	1.32	1.44	1.42	1.84	2.13	2.39	2.56
R	5.13	5.53	2.47	4.40	0.35	0.36	0.17	0.24	0.96	0.45	0.50	0.39
影响从大到小顺序	B、A、D、C				B、A、D、C				A、C、B、D			

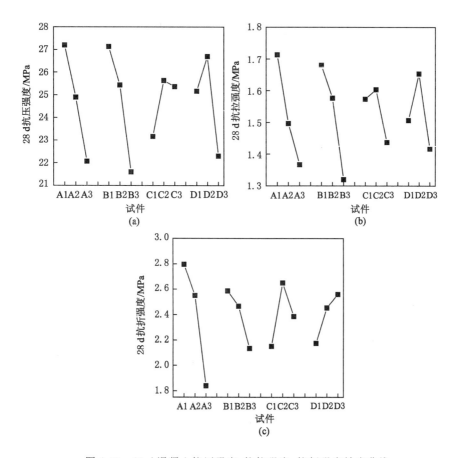

图 6-33　28 d 混凝土抗压强度、抗拉强度、抗折强度效应曲线

由表 6-24 可知:3 种力学性能指标呈现较好的关联性,对于抗压强度、抗拉强度,各因素影响从大到小顺序相同:玻化微珠掺量(因素 B)、陶粒掺量(因素 A)、砂子用量(因素 D)、粉煤灰掺量(因素 C);对于抗折强度,各因素的影响从大到小顺序为:陶粒掺量(因素 A)、粉煤灰掺量(因素 C)、玻化微珠掺量(因素 B)、砂子用量(因素 D)。玻化微珠和陶粒掺量为主要影响因素,且两者 R 值接近,砂子用量和粉煤灰掺量为次要影响因素。

由图 6-33 可知:3 种力学性能指标均随陶粒、玻化微珠掺量的增加而迅速降低,说明轻集料对于材料强度的损失影响较大。但是粉煤灰用量却存在最优掺量20％,其各项性能指标最优。对抗压强度、抗拉强度,砂子用量在水平2时强度最高,为最优用量;对于抗折强度,砂子用量在水平3时最优。

强度下降的原因:玻化微珠作为轻质细集料,呈颗粒状粉末,水泥、砂石等均较玻化微珠强度高得多,混凝土拌和过程中摩擦、挤压,玻化微珠极易破碎,加之试验前浸水处理后的水分也会随之破损流出,造成拌合物坍落度过大和离析,致使强度降低;陶粒作为轻质粗集料,筒压强度不大于3 MPa,远低于瓜子片,掺入量增加必然造成强度下降。

图6-34为试件破坏断面图,可见试件内部充满颗粒状陶粒,玻化微珠白色颗粒混杂在结石体中,影响水泥砂浆与骨料形成坚固胶结体,使混凝土形成多孔结构,在增强隔热效果的同时降低了力学性能。

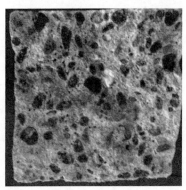

图6-34　陶粒玻化微珠隔热混凝土断面

（2）层次分析

对试验结果进行层次分析,得到各因素水平对陶粒玻化微珠隔热混凝土各项性能指标的影响权重值,计算结果见表6-25。

表6-25　各因素水平对混凝土各项性能的影响权重

性能	因素水平	影响权重	因素水平	影响权重	因素水平	影响权重	因素水平	影响权重
表观密度	A1	0.059 9	B1	0.152 9	C1	0.016 0	D1	0.123 2
	A2	0.059 4	B2	0.141 1	C2	0.016 2	D2	0.115 3
	A3	0.056 5	B3	0.133 2	C3	0.016 1	D3	0.110 1
导热系数	A1	0.128 8	B1	0.133 0	C1	0.027 3	D1	0.068 5
	A2	0.116 8	B2	0.117 5	C2	0.026 4	D2	0.066 1
	A3	0.111 0	B3	0.114 4	C3	0.027 2	D3	0.063 1
抗压强度	A1	0.107 5	B1	0.115 6	C1	0.044 0	D1	0.085 3
	A2	0.098 4	B2	0.108 4	C2	0.048 7	D2	0.090 5
	A3	0.087 2	B3	0.092 0	C3	0.048 2	D3	0.075 6
抗拉强度	A1	0.116 9	B1	0.119 0	C1	0.050 4	D1	0.070 2
	A2	0.102 1	B2	0.111 7	C2	0.052 6	D2	0.077 0
	A3	0.093 2	B3	0.093 5	C3	0.047 1	D3	0.066 0

表 6-25(续)

性能	因素水平	影响权重	因素水平	影响权重	因素水平	影响权重	因素水平	影响权重
	A1	0.162 1	B1	0.071 1	C1	0.065 2	D1	0.050 9
抗折强度	A2	0.147 8	B2	0.067 8	C2	0.080 3	D2	0.057 5
	A3	0.106 7	B3	0.058 6	C3	0.072 3	D3	0.060 0

由表 6-25 可知:4 个因素对表观密度的影响权重从大到小顺序为:玻化微珠掺量(因素 B,0.427 2)、砂子用量(因素 D,0.348 6)、陶粒掺量(因素 A,0.175 8)、粉煤灰掺量(因素 C,0.048 3);在玻化微珠掺量 3 个水平中,以 B_1 影响权重最大;在砂子用量 3 个水平中,以 D_1 影响权重最大;在陶粒掺量 3 个水平中,以 A_1 影响权重最大;在粉煤灰掺量 3 个水平中,以 C_2 影响权重最大。

由表 6-25 可知:4 个因素对导热系数的影响权重从大到小顺序为:玻化微珠掺量(因素 B,0.364 9)、陶粒掺量(因素 A,0.356 6)、砂子用量(因素 D,0.197 7)、粉煤灰掺量(因素 C,0.080 9);玻化微珠掺量以 B_1 影响权重最大,陶粒掺量以 A_1 影响权重最大,砂子用量以 D_1 影响权重最大,粉煤灰掺量以 C_1 影响权重最大。

由表 6-25 可知:4 个因素对抗压强度、抗拉强度的影响权重从大到小顺序相同,即玻化微珠掺量(因素 B,0.316 0,0.324 2)、陶粒掺量(因素 A,0.293 1,0.312 2)、砂子用量(因素 D,0.251 4,0.213 2)、粉煤灰掺量(因素 C,0.140 9,0.150 1);玻化微珠掺量以 B_1 影响权重最大,陶粒掺量以 A_1 影响权重最大,砂子用量以 D_2 影响权重最大,粉煤灰掺量以 C_2 影响权重最大。

由表 6-25 可知:4 个因素对抗折强度的影响权重从大到小顺序为:陶粒掺量(因素 A,0.416 6)、粉煤灰掺量(因素 C,0.217 8)、玻化微珠掺量(因素 B,0.197 5)、砂子用量(因素 D,0.168 4);陶粒掺量以 A_1 影响权重最大,粉煤灰掺量以 C_2 影响权重最大,玻化微珠掺量以 B_1 影响权重最大,砂子用量以 D_3 影响权重最大。

(3) 功效系数法分析

计算各项性能指标功效系数和总功效系数见表 6-26,计算方法和权重取值与前述相同。由表 6-26 可知:LC2 总功效系数最大,为各项系数综合性能指标最优配合比。

表 6-26　陶粒玻化微珠隔热混凝土功效系数

试件编号	评价指标					总功效系数
	表观密度 ($\omega_1 = 0.25$)	导热系数 ($\omega_2 = 0.25$)	抗压强度 ($\omega_3 = 0.167$)	抗拉强度 ($\omega_4 = 0.167$)	抗折强度 ($\omega_5 = 0.167$)	
LC1	60.00	60.00	92.33	94.13	83.18	75.03
LC2	81.53	81.99	100.00	100.00	100.00	90.98
LC3	98.05	86.68	71.67	64.80	87.52	83.59
LC4	76.71	84.20	83.33	81.30	99.49	84.33
LC5	72.81	85.82	86.33	71.73	79.87	79.39
LC6	94.06	92.29	71.33	71.20	72.48	82.49

表 6-26（续）

试件编号	评价指标					总功效系数
	表观密度 （$\omega_1=0.25$）	导热系数 （$\omega_2=0.25$）	抗压强度 （$\omega_3=0.167$）	抗拉强度 （$\omega_4=0.167$）	抗折强度 （$\omega_5=0.167$）	
LC7	78.19	81.13	87.67	78.13	71.97	79.54
LC8	100.00	100.00	60.00	65.33	65.61	81.89
LC9	88.40	97.41	65.00	60.00	60.00	77.35

6.6　本章小结

本章首先采用页岩陶粒和玻化微珠作为粗、细轻集料，采用电镜扫描对轻集料与水泥石界面区域微观结构展开研究，之后选用 3 种连续级配页岩陶粒、玻化微珠作为隔热基材，同时掺加矿物掺合料粉煤灰以提高混凝土拌和性、后期强度等，采用正交试验方法设计分析数据，开发出适宜用于巷道喷层的混凝土材料。

（1）界面区域微观结构：配制预湿和未预湿陶粒、玻化微珠水泥石试件，测试其各龄期的表观密度、抗压强度及界面区域微观结构，结果表明陶粒经预湿 28 d 后期强度增长较大，表现出自养护效果，而玻化微珠预湿与否对材料强度影响不大。随着养护龄期增加，界面区域水化程度不断提高，结构愈加致密，60 d 时轻集料与水泥石界面出现特有的"嵌套结构"，在交界区域继续水化，进而改善材料宏观力学性能。

配制普通、陶粒、玻化微珠以及陶粒玻化微珠轻集料混凝土，测试其工作性能，各龄期时的表观密度、抗压强度以及普通集料-水泥石、陶粒-水泥石、玻化微珠-水泥石界面区微观结构，结果表明：玻化微珠的加入明显提高了混凝土工作性能，但随着轻集料加入，表观密度、抗压强度均有不同程度降低；在养护早期，水泥基体存在大量 C-S-H 凝胶、钙矾石 AFt 晶体，粗骨料与水泥石间存在裂隙是混凝土破坏的内在原因，而至养护后期，轻集料与水泥基体形成界面嵌固区，其破坏往往是轻集料本身强度低所致，克服了普通混凝土界面区域薄弱的劣势。

（2）陶粒隔热混凝土：选用 3 种连续级配陶粒、玻化微珠粉煤灰和砂子用量作为影响因素，配制了 9 组混凝土，表观密度为 1 593～2 067 kg/m³，导热系数为 0.202 9～0.325 4 W/(m·K)，抗压强度、抗拉强度、抗折强度分别为 17.80～44.60 MPa、1.22～2.46 MPa、2.25～5.03 MPa，混凝土质轻、隔热能力提高的同时，强度不同程度降低。

极差与因素指标分析表明：对于表观密度和导热系数，陶粒掺量为最主要影响因素，各因素均对力学性能有不同程度影响；通过层次分析得到各因素水平对混凝土各项性能的影响权重值；最后通过功效系数分析得出综合性能最优配合比——LC9（A3B3C2D1），表观密度为 1 783 kg/m³，导热系数为 0.228 7 W/(m·K)，抗压强度、抗拉强度、抗折强度分别为 36.40 MPa、2.83 MPa、3.92 MPa。

（3）陶粒玻化微珠隔热混凝土：根据上述正交试验选用强度效果较优级配陶粒与玻化微珠配制混凝土，同时控制粉煤灰、砂子用量作为影响因素，设计了 9 组混凝土，表观密度为 1 525～1 956 kg/m³，导热系数为 0.178 9～0.253 1 W/(m·K)，抗压强度、抗拉强度、抗折强度分别为 18.80～30.80 MPa、1.22～1.97 MPa、1.61～3.18 MPa,掺入玻化微珠后材料的流动性、工作性能有所提高,隔热能力进一步增强,但是以强度损失为代价。

极差与因素指标分析表明:对于表观密度,玻化微珠掺量为主要影响因素;对于导热系数,陶粒和玻化微珠掺量为主要影响因素,且二者影响程度相近;对于力学强度,依然以陶粒和玻化微珠影响较大。通过层次分析得到各因素水平对各项性能的影响权重。通过功效系数分析得出综合性能最优配合比——LC2(A1B2C2D2),表观密度为 1 724 kg/m³,导热系数为0.212 3 W/(m·K),抗压强度、抗拉强度、抗折强度分别为 30.80 MPa、1.97 MPa、3.18 MPa。

7 玄武岩/秸秆纤维隔热
混凝土喷层材料研制

根据前述章节与相关研究,在混凝土中掺入陶粒、陶砂、玻化微珠、珍珠岩等轻质多孔材料来替换混凝土中的粗、细集料,可以降低混凝土的导热系数[221-224],但是陶粒、陶砂吸水性大,拌和后造成混凝土和易性降低,不易成型,易产生脆性破坏。此外,玻化微珠、珍珠岩等强度极低,搅拌、振捣过程中易上浮、分离。因此,有必要针对所研制的轻集料隔热混凝土喷层材料进一步改进研发。

有学者提出在混凝土中掺入植物纤维构成复合增强材料,既提高了混凝土的强度[225],又利用植物纤维固有的多尺度细胞壁、内腔结构和低导热系数等特性来提高材料的隔热性能[226],然而植物纤维属于有机材料,抗腐蚀能力弱,易被水泥水化生成的碱性物质降解,材料的耐久性和强度降低。

为解决上述问题,本章在普通喷射混凝土中掺入一定质量的陶粒替代石子,陶砂替代砂子,以降低材料的导热系数;同时对秸秆植物纤维进行防腐处理并连同玄武岩纤维混掺,利用秸秆纤维低导热系数和玄武岩纤维与水泥基体相容性较好的优点[227-230],在混凝土中构成网状结构形成二级加强效果和拉结作用,提高材料强度,降低喷射混凝土回弹损失率。采用正交试验方法,改良轻集料隔热混凝土的工作性能、力学性能和隔热性能,以期达到主动隔热与强力支护的目的。

7.1 正交试验设计

7.1.1 原材料选用

7.1.1.1 胶凝材料

试验选用淮南八公山牌强度等级为 42.5 的普通硅酸盐水泥和淮南平圩电厂产Ⅰ级粉煤灰,相关参数和指标等与第 6 章相同。

7.1.1.2 粗骨料

(1)粗骨料:为满足喷射需要,减少回弹量,选用 5～15 mm 连续级配瓜子片,表观密度为 2 750 kg/m³。

(2)轻粗集料:选用淮南市金瑞新型建筑材料厂所产页岩陶粒,其性能指标见表 7-1,实拍照片如图 7-1 所示。

表 7-1 页岩陶粒、陶砂性能指标

材料	颗粒级配 /mm	密度 /(kg/m³)	筒压强度 /MPa	1 h 吸水率 /%	导热系数 /[W/(m·K)]	孔隙率/%	含泥量/%
陶粒	≤10	600	≥3	≤16	≤0.52	≥37	≤2.0
陶砂	≤3	510	≥2	≤12	≤0.45	≥43	≤1.2

7.1.1.3 细骨料

（1）砂：选用中砂，其中粒径小于 0.075 mm 的颗粒不超过 20%，细度模数为 2.8，表观密度为 2 600 kg/m³。

（2）陶砂：选用淮南市金瑞新型建筑材料厂所产页岩陶砂，其性能指标见表 7-1，实拍照片如图 7-1(b)所示，陶砂的颗粒粒径远小于陶粒，其性能与作用机制与陶粒相同，但由于粒径较小，有效调节混凝土粗、细集料的颗粒级配，增强混凝土拌合物的流动性，提高与水泥基材的握裹效果。

(a) 陶粒

(b) 陶砂

图 7-1 试验页岩陶粒和陶砂实拍

（3）玻化微珠：选用河南信阳金华兰矿业有限公司所产玻化微珠。

7.1.1.4 纤维掺合料

（1）玄武岩纤维

选用安徽某厂所产 15 mm 短切玄武岩纤维，其性能指标见表 7-2，实拍照片如图 7-2 所示。

表 7-2 玄武岩纤维性能指标

直径/μm	长度/mm	断裂强度/MPa	弹性模量/GPa	断裂伸长率/%	密度/(kg/m³)	线膨胀系数/K⁻¹
15	15	3 000～4 800	91～110	1.5～3.2	2 650	5.5×10^{-6}

玄武岩纤维是一种混凝土增强材料，由纯天然的火山岩（含玄武岩）矿石经 1 400～1 500 ℃高温熔融、拉丝而成，是典型的硅酸盐纤维，在耐高温性、化学稳定性、耐腐蚀性、导热性、绝缘性和抗摩擦性等技术指标方面具有优越性，是一种良好的阻裂增韧加强材料[231]。其微观形貌如图 7-3 所示。由图 7-3(a)可知：纤维以其优异的抗拉性能，均匀分布于混凝土材料中，被水泥基材握裹，增强材料的抗拉、阻裂特性。放大观察如图 7-3(b)所

图 7-2　试验玄武岩纤维实拍

示,可见纤维体结构致密,相互嵌固,抗拉、阻裂特性优异。

(a) 1 000 倍微观形貌

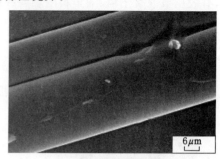

(b) 5 000 倍微观形貌

图 7-3　玄武岩纤维微观形貌

（2）棉花秸秆纤维

借鉴植物纤维用于淤泥土中作为加筋材料的思想,选用棉花秸秆纤维进行研究。本试验采用淮南某厂所产棉花秸秆纤维,其化学成分及物理参数见表 7-3,实拍照片如图 7-4 所示。

表 7-3　棉花秸秆纤维化学成分（质量分数）及物理参数

直径/mm	平均长度/mm	纤维素含量/%	半纤维素含量/%	木质素含量/%	可溶性糖含量/%	粗蛋白含量/%
0.08～0.20	20	38.35	14.42	27.65	2.38	6.62

秸秆纤维作为生物材料,主要由纤维素、半纤维素和木质素等组成,具有长径比大、比强度高、比表面积较大、密度低、价格低廉、易于加工、取材方便、可生物降解等优点,属于绿色、健康、无污染的纤维制品,同时可以极大缓解当前棉花秸秆资源过剩而引发的环境问题[232]。

而由于秸秆纤维存在易腐蚀问题,选用改性聚乙烯醇（SH 胶）作为补强剂进行浸泡处理,SH 胶质量配合比 $m_{聚乙烯醇}:m_{水}=1:14$,浸泡时间为 3 d,之后自然晾干[233]。防腐处理过程及处理前后秸秆纤维微观结构如图 7-5 所示。

由图 7-5(a)可知:防腐处理前秸秆纤维的表面较为粗糙且孔洞较多;经过 SH 胶浸泡处

图 7-4 试验棉花秸秆纤维实拍

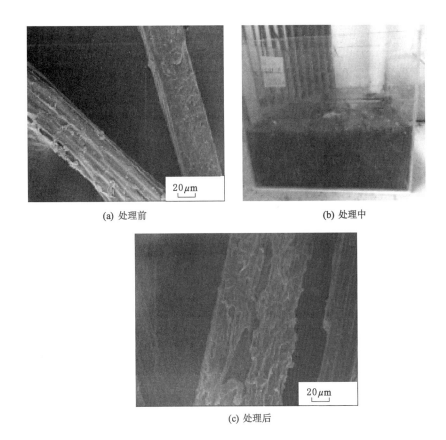

图 7-5 秸秆纤维防腐处理前后微观结构变化

理 3 d,如图 7-5(b)所示;由图 7-5(c)可知:秸秆纤维表面形成固化膜,有效包裹秸秆纤维,隔绝了纤维与水、空气等的直接接触,可有效提高纤维稳定性和耐腐蚀性。

7.1.2 配合比设计

采用正交试验方法进行隔热混凝土材料的改良设计,得出最优配合比,参照规范与前述试验进行喷混凝土基准配合比设计,确定胶凝材料、粗细骨料、水和外加剂用量,同时掺入一定量玻化微珠,水灰比为 0.45,粉煤灰用量为水泥用量的 10%,减水剂掺量为胶凝材料的 0.8%。设计了 4 个因素,A 因素为陶粒取代率,分别按质量比取代瓜子片质量的 7%、14%、21%;B 因素为陶砂取代率,分别按质量比取代砂子质量的 4%、8%、12%;C 因素为玄武岩纤维掺量,分别为混凝土体积率的 0.1%、0.2%、0.3%;D 因素为秸秆纤维掺量,分别为混凝土体积率的 0.1%、0.2%、0.3%。具体因素水平见表 7-4,选用正交表 $L_9(3^4)$ 设计试验,具体配合比见表 7-5。

表 7-4　因素水平表

因素水平	A 陶粒取代率/%	B 陶砂取代率/%	C 玄武岩纤维掺量/%	D 秸秆纤维掺量/%
1	7	4	0.1	0.1
2	14	8	0.2	0.2
3	21	12	0.3	0.3

表 7-5　混凝土配合比　　　　　　　　　　　　单位:kg/m³

编号	胶凝材料		粗骨料		细骨料			玄武岩纤维	秸秆纤维	水	外加剂
	水泥	粉煤灰	石子	陶粒	砂子	陶砂	玻化微珠				
C1(A1B1C1D1)	427.5	47.5	772.458	58.142	797.376	33.224	9.0	2.63	0.2	213.8	3.8
C2(A1B2C2D2)	427.5	47.5	772.458	58.142	764.152	66.448	9.0	5.26	0.4	213.8	3.8
C3(A1B3C3D3)	427.5	47.5	772.458	58.142	730.928	99.672	9.0	7.89	0.6	213.8	3.8
C4(A2B1C2D3)	427.5	47.5	714.316	116.284	797.376	33.224	9.0	5.26	0.6	213.8	3.8
C5(A2B2C3D1)	427.5	47.5	714.316	116.284	764.152	66.448	9.0	7.89	0.2	213.8	3.8
C6(A2B3C1D2)	427.5	47.5	714.316	116.284	730.928	99.672	9.0	2.63	0.4	213.8	3.8
C7(A3B1C3D2)	427.5	47.5	656.174	174.426	797.376	33.224	9.0	7.89	0.4	213.8	3.8
C8(A3B2C1D3)	427.5	47.5	656.174	174.426	764.152	66.448	9.0	2.63	0.6	213.8	3.8
C9(A3B3C2D1)	427.5	47.5	656.174	174.426	730.928	99.672	9.0	5.26	0.2	213.8	3.8

7.1.3　试件制备与养护

采用淘洗后的瓜子片、砂子,去除含水和含泥影响,对页岩陶粒、陶砂和玻化微珠轻集料进行预湿处理,预湿试件 1 h,试验证实预湿后的轻集料不仅有利于提高混凝土后期强度,还对混凝土拌合物流动性有益,采用图 7-6 所示工艺流程成型。测试混凝土试件的抗压强度、抗拉强度、抗剪强度和导热系数,抗压强度、抗拉强度试验用试件尺寸为 100 mm×100 mm×100 mm,抗剪强度试验用试件尺寸为 50 mm×50 mm×50 mm,导热系数试验用试件尺寸为 300 mm×300 mm×30 mm,成型 24 h 后拆模,在室内温度为(20±2) ℃的过饱和 Ca(OH)₂ 溶液中养护至 28 d 进行试验。

采用 CSS-YAN3000 压力试验机测试混凝土抗压强度、抗拉强度和抗剪强度;采用 PDR300 型导热系数测定仪测试混凝土的导热系数;采用日立产 S-3400 型扫描电子显微镜,从压碎试块中取样,选取水泥石与集料、纤维连接部分进行微观形貌观察。

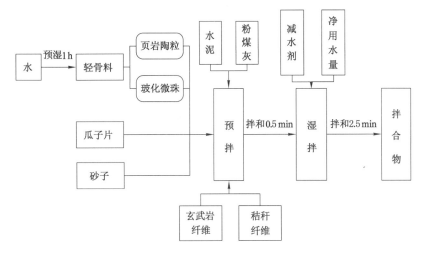

图 7-6　混凝土成型工艺流程

7.2　试验方法与数据处理

7.2.1　试验方法

采用正交试验方法设计各组配合比,测试材料宏观力学性能和隔热性能,测试指标包括抗压强度、劈裂抗拉强度、抗剪强度以及导热系数。其中抗压强度、抗拉强度测试和导热系数测试的方法、使用仪器同第 6 章。抗剪强度测试方法简述如下。

参照岩石力学试验中剪切试验方法,依然使用 CSS-YAN3000 压力试验机,配套变角剪切夹具进行试验,如图 7-7 所示,可以提供 30°、38°、46°、54°、62°等 5 个角度下混凝土剪切性能测试。本书仅采用 46°夹角完成剪切强度测试,按式(7-1)计算:

$$F_\tau = P/A \qquad (7-1)$$

式中　F_τ——混凝土抗剪强度,MPa;

　　　P——试件破坏荷载,kN;

　　　A——试件承压面面积,mm^2。

图 7-7　变角剪切夹具

7.2.2　数据处理

本试验采用正交试验分析方法,对试验数据的分析方法包括极差分析法、因素指标分析法、层次分析法,此外为引证极差分析结果,采用方差分析作为补充,同时为获得最佳配合比,与前述采用功效系数分析不同,采用灰色关联度分析。

(1)方差分析

前章采用了正交试验极差分析方法分析数据,这个方法比较简便易懂,只要对试验结果进行少量计算,通过综合分析比较便可得出最优条件。但极差分析不能估计试验过程中以及试验结果测定中必然存在的误差大小,也就是说,不能区分某因素各水平所对应的试验结果间的差异究竟是由因素水平不同引起的,还是由试验误差引起的,因此无法判断分析的精度。

因此,本章对试验数据采用方差分析方法,将因素水平变化所引起试验结果间的差异与误差的波动区分开来的一种数学方法。如果因素水平的变化所引起的试验结果的变化在误差范围内,或者与误差相差不大,则这个因素水平的变化并不会引起试验结果的显著变化;相反,如果因素水平的变化所引起的试验结果的变化超过误差范围,则这个因素水平的变化会引起试验结果的显著变化[214]。

方差分析的基本方法说明如下。

① 计算总误差 S_T、条件误差(S_A、S_B、S_C、S_D)、试验误差及它们的自由度:

$$K = X_1 + X_2 + \cdots + X_n \tag{7-2}$$

$$P = \frac{1}{n}K^2 \tag{7-3}$$

$$W = \sum_{i=1}^{n} x_i^2 \tag{7-4}$$

$$Q_A = \frac{1}{r_a} \cdot \sum_{i=1}^{r_a} K_i^4 \tag{7-5}$$

式中　K——每组配合比时某单一性能指标之和;

P——K^2的均值,为每组配合比时某单一性能指标的平方和;

Q_A——因素 A 每个水平时某单一性能指标的平均值;

n——试验次数,$n=9$;

r_a——因素 A 每个水平的试验重复数,$r_a=3$;

x_i——每次试验结果。

则各因素的平方和为:

$$\begin{cases} S_T = W - P \\ S_A = Q_A - P \end{cases} \tag{7-6}$$

同理可求得 S_B、S_C、S_D。

总自由度 f_T 等于试验次数 $n-1$,因素自由度等于水平数减 1。

② 计算均方(平方和除以自由度):

$$\overline{S}_A = \frac{S_A}{f_A} \tag{7-7}$$

同理可求得 $\overline{S}_B$、$\overline{S}_C$、$\overline{S}_D$。

③ 因素显著性检验。

因素显著性检验,用以判断因素水平变化时对考察指标的影响是否显著。

统计学上将 $F = \overline{S}_A / \overline{S}_B$ 的比值与某一临界值 F_0 进行比较,作为判断因素显著性的标准,这种检验称为 F 检验。比较时有以下 4 种情况:

a. $F > F_{0.01}$,影响特别显著,记为"＊＊";

b. $F_{0.01} > F > F_{0.05}$,影响显著,记为"＊";

c. $F_{0.05} > F > F_{0.01}$,有一定的影响,记为"(＊)"

d. $F_{0.01} > F$,影响较小。

F 值越大,说明该因素中该水平越好。

(2) 灰色关联分析

灰色关联是指事物间的不确定关联,或系统因子之间、因子对主行为之间的不确定关联。灰色关联分析是一种用灰色关联顺序来描述因素间关系的强弱、大小、次序的方法,是通过灰色关联度来分析和确定系统因素之间的影响程度或因素对系统主行为的贡献程度的一种方法,目的是寻找各因素间的主要关系,找出影响目标值的重要因素,从而掌握事物的主要特征[234-235]。

灰色关联分析的基本方法说明如下。

① 评价指标结果矩阵化:见式(7-8)。

$$\boldsymbol{X} = \begin{bmatrix} x_{11} & \cdots & x_{1m} \\ \vdots & & \vdots \\ x_{n1} & \cdots & x_{nm} \end{bmatrix} \tag{7-8}$$

式中　　m——评价指标个数;

　　　　n——试验方案个数。

② 指标评价体系归一化:各评价指标有的越大越好,有的则越小越好,因此,相应的评价指标应进行归一化处理。

极大型的评价指标:

$$r_{ij} = \frac{x_{ij} - \min(x_{1j}, x_{2j}, \cdots, x_{nj})}{\max(x_{1j}, x_{2j}, \cdots, x_{nj}) - \min(x_{1j}, x_{2j}, \cdots, x_{nj})} \tag{7-9}$$

极小型的评价指标:

$$r_{ij} = \frac{\max(x_{1j}, x_{2j}, \cdots, x_{nj}) - x_{ij}}{\max(x_{1j}, x_{2j}, \cdots, x_{nj}) - \min(x_{1j}, x_{2j}, \cdots, x_{nj})} \tag{7-10}$$

式中,$i = 1, 2, \cdots, n; j = 1, 2, \cdots, m$。

③ 构造理想的参考方案:构造的理想参考方案通常为各指标中的最大值,记为:

$$\boldsymbol{S}^0 = [s_1^0, s_2^0, \cdots, s_m^0] \tag{7-11}$$

式中,$s_j^0 = \max(r_{1j}, r_{2j}, \cdots, r_{nj}), j = 1, 2, \cdots, m$,即 $\boldsymbol{S}^0$ 中的 m 个评价指标是全体方案中相应评价指标的最大值。

④ 求灰色关联系数:将理想方案作为参考序列,各个评价指标值作为比较序列,求各指标对应的关联系数,见式(7-12)。

$$\xi_{ij} = \frac{\min\limits_i \min\limits_j |s_j^0 - r_{ij}| + \rho \max\limits_i \max\limits_j |s_j^0 - r_{ij}|}{|s_j^0 - r_{ij}| + \rho \max\limits_i \max\limits_j |s_j^0 - r_{ij}|} \tag{7-12}$$

式中　　ξ_{ij}——第 i 个$(i = 1, 2, \cdots, n)$ 比较序列与参考序列 $\boldsymbol{S}^0$ 中第 j 个$(j = 1, 2, \cdots, m)$ 指标的关联系数,分辨系数 $\rho \in [0, 1]$,本书取 $\rho = 0.5$。

⑤ 求灰色关联度:根据试验目标,给各评价指标主观权重系数 ω 赋值,注意所有评价指标的主观权重系数 ω 之和为1,得到灰色关联度:

$$r = \xi_{ij} \omega_{ij} \tag{7-13}$$

式中　　ξ_{ij}——灰色关联系数;

　　　　$\omega_j(j = 1, 2, \cdots, m)$——主观权重系数。

7.3 试验结果与分析

7.3.1 试验结果

将各组试件 28 d 抗压强度、抗拉强度、抗剪强度和导热系数统计列于表 7-6。

表 7-6　混凝土各项性能测试结果统计

试件编号	导热系数/[W/(m·K)]	抗压强度/MPa	抗拉强度/MPa	抗剪强度/MPa
C1	0.264 3	28.45	2.15	21.70
C2	0.2247	23.75	1.99	15.04
C3	0.242 6	19.34	1.66	14.60
C4	0.315 4	26.87	1.61	14.52
C5	0.239 9	21.85	1.80	13.92
C6	0.247 1	15.54	1.87	15.70
C7	0.248 4	19.83	1.42	14.16
C8	0.251 2	23.00	1.28	15.04
C9	0.252 0	21.42	1.55	11.82

由表 7-6 可知：玄武岩/秸秆纤维隔热混凝土导热系数为 0.224 7～0.315 4 W/(m·K)，抗压强度为 15.54～28.45 MPa，抗拉强度为 1.28～2.15 MPa，抗剪强度为 11.82～21.70 MPa。

7.3.2 试验结果分析

（1）极差与因素指标分析

极差分析与因素指标分析，是为求得各影响因素对各项指标的影响程度大小，及各影响因素的最优水平。

① 28 d 混凝土导热系数极差分析见表 7-7，效应曲线如图 7-8 所示。

表 7-7　28 d 混凝土导热系数极差分析

	因素 A	因素 B	因素 C	因素 D
k_1	0.243 9	0.276 0	0.254 2	0.252 1
k_1	0.267 5	0.238 6	0.264 0	0.240 1
k_1	0.250 5	0.247 2	0.243 6	0.269 7
R	0.023 6	0.037 4	0.020 4	0.029 7
影响从大到小顺序	B、D、A、C			

由表 7-7 可知：各因素对导热系数的影响从大到小顺序为：陶砂占细骨料用量比例（因素 B）、秸秆纤维掺量（因素 D）、陶粒占粗骨料用量比例（因素 A）、玄武岩纤维掺量（因素 C）。由图 7-8 可知：4 种因素均存在最优水平。对于陶砂占细骨料用量比例，以 8% 水平导热系数最低；对于秸秆纤维掺量，以 0.2% 水平最优；对于陶粒占粗骨料用量比例，以 7% 水

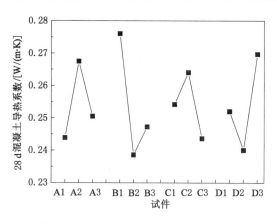

图 7-8 28 d 混凝土导热系数效应曲线

平最优;对于玄武岩纤维掺量,以 0.3% 水平最优。考虑导热系数,各因素的最佳水平为 A1B2C3D2。

② 28 d 混凝土抗压强度极差分析见表 7-8,效应曲线如图 7-9 所示。

表 7-8 28 d 混凝土抗压强度极差分析

	因素 A	因素 B	因素 C	因素 D
k_1	23.85	25.05	22.33	23.91
k_1	21.42	22.87	24.01	19.71
k_1	21.42	18.77	20.34	23.07
R	2.43	6.28	3.67	4.20
影响从大到小顺序	B、D、C、A			

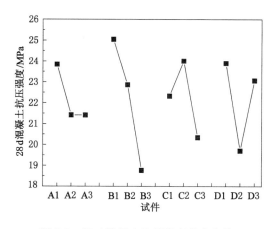

图 7-9 28 d 混凝土抗压强度效应曲线

由表 7-8 可知各影响因素对抗压强度的影响从大到小顺序为:陶砂占细骨料用量比例(因素 B)、秸秆纤维掺量(因素 D)、玄武岩纤维掺量(因素 C)、陶粒占粗骨料用量比例(因素 A)。陶砂占细骨料用量比例(因素 B)为主要影响因素,玄武岩掺量(因素 C)和秸秆纤维掺量(因素 D)影响程度相当,而陶粒占粗骨料用量比例(因素 A)的影响最小。由图 7-9 可知:

随着陶粒、陶砂掺量不断增加,抗压强度随之降低,但玄武岩纤维、秸秆纤维存在最优掺量,玄武岩纤维掺量0.2%、秸秆纤维掺量0.1%时,抗压强度最大。按照抗压强度评比,各因素的最佳水平为A1B1C2D1。

③ 28 d混凝土抗拉强度极差分析见表7-9,效应曲线如图7-10所示。

表 7-9　28 d 混凝土抗拉强度极差分析

	因素 A	因素 B	因素 C	因素 D
k_1	1.93	1.73	1.77	1.83
k_1	1.76	1.69	1.72	1.76
k_1	1.42	1.69	1.63	1.52
R	0.52	0.04	0.14	0.32
影响从大到小顺序	A、D、C、B			

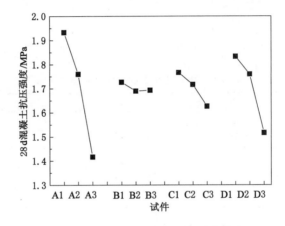

图 7-10　28 d 混凝土抗拉强度效应曲线

由表7-9可知各因素对抗拉强度的影响从大到小顺序为:陶粒占粗骨料用量比例(因素A)、秸秆纤维掺量(因素D)、玄武岩纤维掺量(因素C)、陶砂占细骨料用量比例(因素B)。陶粒占粗骨料用量比例为主要影响因素,明显大于另外3种因素,可见与抗压强度影响程度有所不同。由图7-10可知:随着4种因素掺量增加,抗拉强度均有不同程度降低;随着陶粒占粗骨料用量比例提高,抗拉强度降低最显著。考虑抗拉强度,各因素的最佳水平为A1B1C1D1。

④ 28 d混凝土抗剪强度极差分析见表7-10,效应曲线如图7-11所示。

表 7-10　28 d 混凝土抗剪强度极差分析

	因素 A	因素 B	因素 C	因素 D
k_1	17.11	16.79	17.48	15.81
k_1	14.71	14.67	13.79	14.97
k_1	13.67	14.04	14.23	14.72
R	3.44	2.75	3.69	1.09
影响从大到小顺序	C、A、B、D			

由表 7-10 可知各因素对抗剪强度的影响从大到小顺序为:玄武岩纤维掺量(因素 C)、陶粒占粗骨料用量比例(因素 A)、陶砂占细骨料用量比例(因素 B)、秸秆纤维掺量(因素 D)。玄武岩纤维掺量和陶粒占粗骨料用量比例为主要影响因素,二者 R 值接近,陶砂占细骨料用量比例次之,秸秆纤维掺量为次要因素,可见与抗压强度、抗拉强度影响程度均有所不同。由图 7-11 可知:均随着 4 种因素掺量增加,抗剪强度有不同程度降低,随玄武岩纤维掺量、陶粒占粗骨料用量比例、陶砂占细骨料用量比例提高,抗剪强度下降均较明显。考虑抗剪强度,各因素的最佳水平为 A1B1C1D1。

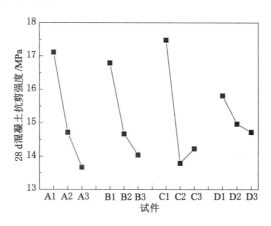

图 7-11　28 d 混凝土抗剪强度效应曲线

(2) 方差分析与贡献率分析

方差分析是用以衡量各因素对各项指标的影响大小,同时引入贡献率分析,直观表示各个因素影响在试验结果中所占的比例。

① 28 d 混凝土导热系数方差分析见表 7-11。

表 7-11　28 d 混凝土导热系数方差及误差贡献率

因素	平方和	自由度	方差	F	显著性	临界值	离差平方和	贡献率/%
A	0.000 9	2	0.000 45	9	(＊)		0.000 8	15.69
B	0.002 3	2	0.001 15	23	＊	$F_{0.10}(2,2)=9$	0.002 2	43.14
C	0.000 6	2	0.000 30	6	影响较小	$F_{0.01}(2,2)=99$	0.000 5	9.80
D	0.001 3	2	0.000 65	13	(＊)	$F_{0.05}(2,2)=19$	0.001 2	23.53
误差	0.000 1	2	0.000 5				0.000 4	7.84

注:若 $F>F_{0.01}(2,2)$,影响特别显著,记为"＊＊";若 $F_{0.01}(2,2)>F>F_{0.05}(2,2)$,影响显著,记为"＊";若 $F_{0.05}(2,2)>F>F_{0.10}(2,2)$,有一定影响,记为"(＊)";若 $F_{0.10}(2,2)>F$,则影响较小。下文同。

由表 7-11 可知:陶砂占细骨料用量比例(因素 B)对导热系数的影响显著,秸秆纤维掺量(因素 D)和陶粒占粗骨料用量比例(因素 A)对导热系数有一定影响,而玄武岩纤维掺量(因素 C)影响较小。由因素贡献率计算结果可知:与极差分析结果相同,陶砂占细骨料用量比例(因素 B)、秸秆纤维掺量(因素 D)、陶粒占粗骨料用量比例(因素 A)和玄武岩纤维掺量

(因素 C)的贡献率分别为 43.14％、23.53％、15.69％和 9.80％,同样误差贡献率极小,可以忽略。综合极差和方差分析可知陶砂占细骨料用量比例对导热系数的影响显著。

② 28 d 混凝土抗压强度方差分析见表 7-12。

表 7-12　28 d 混凝土抗压强度方差及误差贡献率

因素	平方和	自由度	方差	F	显著性	临界值	离差平方和	贡献率/％
A	11.795	2	5.897 5	1 310.56	＊＊		11.786	9.60
B	61.052	2	30.526	6 783.56	＊＊	$F_{0.10}(2,2)=9$	61.043	49.72
C	20.284	2	10.142	2 253.78	＊＊	$F_{0.01}(2,2)=99$	20.275	16.51
D	29.650	2	14.825	3 294.44	＊＊	$F_{0.05}(2,2)=19$	29.641	24.14
误差	0.009	2	0.004 5				0.036	0.03

由表 7-12 可知:4 种因素均对抗压强度的影响特别显著。由因素贡献率计算结果可知:与极差分析结果相同,陶砂占细骨料用量比例(因素 B)贡献率最大,为 49.72％,秸秆纤维掺量(因素 D)贡献率次之,为 24.14％,玄武岩纤维掺量(因素 C)贡献率再次之,为 16.51％,陶粒占粗骨料用量比例(因素 A)贡献率最小,仅为 9.6％,误差的贡献率极小,因而可以忽略对试验结果的影响。综合极差分析和方差分析可知:陶粒占粗骨料用量比例为影响抗压强度的最主要因素。

③ 28 d 混凝土抗拉强度方差分析见表 7-13。

表 7-13　28 d 混凝土抗拉强度方差及误差贡献率

因素	平方和	自由度	方差	F	显著性	临界值	离差平方和	贡献率/％
A	0.413 8	2	0.206 9	243.41	＊＊		0.412 1	61.48
B	0.002 5	2	0.001 3	1.47	影响较小	$F_{0.10}(2,2)=9$	0.008	0.13
C	0.030 2	2	0.015 1	17.76	(＊)	$F_{0.01}(2,2)=99$	0.028 5	4.67
D	0.164 2	2	0.082 1	95.59	＊＊	$F_{0.05}(2,2)=19$	0.162 5	26.61
误差	0.001 7	2	0.000 9				0.006 8	1.11

由表 7-13 可知:陶粒占粗骨料用量(因素 A)和秸秆纤维掺量(因素 D)对抗拉强度的影响显著,玄武岩纤维掺量(因素 C)对抗拉强度有一定影响,陶砂占细骨料用量比例(因素 B)影响较小。由因素贡献率计算结果可知:与极差分析结果相同,陶粒占粗骨料用量比例(因素 A)贡献率最大,为 61.48％,秸秆纤维掺量(因素 D)贡献率次之,为 26.61％,玄武岩纤维掺量(因素 C)贡献率再次之,为 4.67％,陶砂占细骨料用量比例(因素 B)和误差的贡献率极小,分别仅为0.13％和1.11％。综合极差分析和方差分析可知:陶粒占粗骨料用量和秸秆纤维掺量均对抗拉强度有显著影响。

④ 28 d 混凝土抗剪强度方差分析见表 7-14。

表 7-14 28 d 混凝土抗剪强度方差及误差贡献率

因素	平方和	自由度	方差	F	显著性	临界值	离差平方和	贡献率/%
A	18.675	2	9.337 5	3 112.5	＊＊		18.669	32.47
B	12.492	2	6.246 0	2 082.0	＊＊	$F_{0.10}(2,2)=9$	12.486	21.71
C	24.364	2	12.182 0	4 060.7	＊＊	$F_{0.01}(2,2)=99$	24.358	42.36
D	1.971	2	0.985 5	328.5	＊＊	$F_{0.05}(2,2)=19$	1.965	3.42
误差	0.006	2	0.003 0				0.024	0.04

由表 7-14 可知:4 种因素均对抗剪强度的影响特别显著。由因素贡献率计算结果可知:与极差分析结果相同,玄武岩纤维掺量(因素 C)贡献率最大,为 42.36%,陶粒占粗骨料用量比例(因素 A)贡献率次之,为 32.47%,陶砂占细骨料用量比例(因素 B)贡献率再次之,为 21.71%,秸秆纤维掺量(因素 D)贡献率最小,仅为 3.42%,误差的贡献率极小,因而可以忽略对试验结果的影响。综合极差分析和方差分析可知:玄武岩纤维掺量、陶粒占粗骨料用量比例、陶砂占细骨料用量比例均为影响抗剪强度的主要因素。

(3)层次分析

对试验结果进行层次分析,得到各因素水平对玄武岩/秸秆纤维隔热混凝土各项性能指标的影响权重,计算结果见表 7-15。

表 7-15 各因素水平对混凝土各项性能指标的影响权重

性能	因素水平	影响权重	因素水平	影响权重	因素水平	影响权重	因素水平	影响权重
导热系数	A1	0.068 0	B1	0.122 0	C1	0.061 3	D1	0.088 5
	A2	0.074 6	B2	0.105 4	C2	0.063 6	D2	0.084 2
	A3	0.069 8	B3	0.109 2	C3	0.058 7	D3	0.094 6
抗压强度	A1	0.052 4	B1	0.142 2	C1	0.074 1	D1	0.090 8
	A2	0.047 1	B2	0.129 8	C2	0.079 7	D2	0.074 8
	A3	0.047 1	B3	0.106 6	C3	0.067 5	D3	0.087 6
抗拉强度	A1	0.192 5	B1	0.013 3	C1	0.047 5	D1	0.112 3
	A2	0.175 6	B2	0.013 0	C2	0.046 2	D2	0.108 1
	A3	0.141 9	B3	0.013 0	C3	0.043 8	D3	0.093 3
抗剪强度	A1	0.117 9	B1	0.092 5	C1	0.129 2	D1	0.034 5
	A2	0.101 4	B2	0.080 8	C2	0.102 0	D2	0.032 7
	A3	0.094 2	B3	0.077 4	C3	0.105 2	D3	0.032 1

由表 7-15 可知 4 个因素对导热系数影响权重从大到小顺序为:陶砂占细骨料用量比例(B 因素,0.336 6)、秸秆纤维掺量(D 因素,0.267 3)、陶粒占粗骨料用量比例(A 因素,0.212 4)、玄武岩纤维掺量(C 因素,0.183 6);在陶砂占细骨料用量比例 3 个水平中,以 B_1 影响权重最大;在秸秆纤维掺量 3 个水平中,以 D_3 影响权重最大;在陶粒占粗骨料用量比例 3 个水平中,以 A_2 影响权重最大;在玄武岩纤维掺量 3 个水平中,以 C_2 影响权重最大。

由表 7-15 可知 4 个因素对抗压强度影响权重从大到小顺序为:陶砂占细骨料用量比例

（B 因素,0.378 6）、秸秆纤维掺量（D 因素,0.253 2）、玄武岩纤维掺量（C 因素,0.221 3）、陶粒占粗骨料用量比例（A 因素,0.146 9）；在陶砂占细骨料用量比例 3 个水平中,以 B_1 影响权重最大；在秸秆纤维掺量 3 个水平中,以 D_1 影响权重最大；在玄武岩纤维掺量 3 个水平中,以 C_2 影响权重最大；在陶粒占粗骨料用量比例 3 个水平中,以 A_1 影响权重最大。

由表 7-15 可知 4 个因素对抗拉强度影响权重从大到小顺数为:陶粒占粗骨料用量比例（A 因素,0.510 0）、秸秆纤维掺量（D 因素,0.313 7）、玄武岩纤维掺量（C 因素,0.137 5）、陶砂占细骨料用量比例（B 因素,0.039 3）；在陶粒占粗骨料用量比例 3 个水平中,以 A_1 影响权重最大；在秸秆纤维掺量 3 个水平中,以 D_1 影响权重最大；在玄武岩纤维掺量 3 个水平中,以 C_1 影响权重最大；在陶砂占细骨料用量比例 3 个水平中,以 B_1 影响权重最大。

由表 7-15 可知 4 个因素对抗剪强度影响权重从大到小顺序为:玄武岩纤维掺量（C 因素,0.336 4）、陶粒占粗骨料用量比例（A 因素,0.313 5）、陶砂占细骨料用量比例（B 因素,0.250 7）、秸秆纤维掺量（D 因素,0.099 3）；在玄武岩纤维掺量 3 个水平中,以 C_1 影响权重最大；在陶粒占粗骨料用量比例 3 个水平中,以 A_1 影响权重最大；在陶砂占细骨料用量比例 3 个水平中,以 B_1 影响权重最大；在秸秆纤维掺量 3 个水平中,以 D_1 影响权重最大。

（3）灰色关联分析

与功效系数分析类似,为进一步确认在各组正交试验中的最佳配合比,对各组数据进行灰色关联分析。首先对各组数据进行归一化处理求得灰色关联系数,以试验指标作为各项评价指标,抗压强度、抗拉强度、抗剪强度为极大型指标,按式(7-9)处理,导热系数为极小型指标,按式(7-10)处理,构造理想参考方案,再按式(7-12)计算灰色关联系数。

对各项性能指标进行主观权重赋值,获得各组试件的灰色关联度,主观权重赋值是一个相对的概念,本试验目的是为了得到一种既满足强度要求,又具有良好隔热性能的混凝土材料,因此各项性能指标可以分为两类,导热系数主观权重系数为 0.5,力学性能中抗压强度尤其重要,故抗压强度、抗拉强度、抗剪强度主观权重系数分别为 0.2、0.15、0.15,按式(7-13)计算灰色关联度。

得到的灰色关联系数见表 7-16,灰色关联度见表 7-17。

表 7-16　混凝土灰色关联系数

试件编号	导热系数	抗压强度	抗拉强度	抗剪强度
C1	0.533 8	1.000 0	1.000 0	1.000 0
C2	1.000 0	0.578 6	0.731 1	0.425 9
C3	0.716 9	0.414 7	0.470 3	0.410 3
C4	0.333 3	0.803 3	0.446 1	0.407 6
C5	0.749 0	0.494 5	0.554 1	0.388 4
C6	0.669 3	0.333 3	0.608 4	0.451 5
C7	0.656 8	0.428 2	0.373 4	0.395 8
C8	0.631 2	0.542 2	0.333 3	0.425 9
C9	0.624 2	0.478 7	0.420 3	0.333 3

表 7-17 混凝土各因素水平及其灰色关联度

试件编号	陶粒占粗骨料 用量比例	陶砂占细骨料 用量比例	玄武岩纤维掺量	秸秆纤维掺量	灰色关联度
C1	58.142(水平1)	33.224(水平1)	2.63(水平1)	0.2(水平1)	0.766 9
C2	58.142(水平1)	66.448(水平2)	5.26(水平2)	0.4(水平2)	0.789 3
C3	58.142(水平1)	99.672(水平3)	7.89(水平3)	0.6(水平3)	0.573 5
C4	116.284(水平2)	33.224(水平1)	5.26(水平2)	0.6(水平3)	0.455 4
C5	116.284(水平2)	66.448(水平2)	7.89(水平3)	0.2(水平1)	0.614 8
C6	116.284(水平2)	99.672(水平3)	2.63(水平1)	0.4(水平2)	0.560 3
C7	174.426(水平3)	33.224(水平1)	7.89(水平3)	0.4(水平2)	0.529 4
C8	174.426(水平3)	66.448(水平2)	2.63(水平1)	0.6(水平3)	0.537 9
C9	174.426(水平3)	99.672(水平3)	5.26(水平2)	0.2(水平1)	0.520 9

由表 7-17 可知:灰色关联度计算结果越趋近于 1,该配合比混凝土的各项性能指标越趋于理想状态。可见,本试验条件下,C2 试件所对应的灰色关联度最大,为各项系数综合性能指标最优配合比,即 A1B2C2D2,抗压强度为 23.75 MPa,抗拉强度为 1.99 MPa,抗剪强度为 15.04 MPa,导热系数为 0.224 7 W/(m·K)。最优配合比为:陶粒占粗骨料用量比例 7%,陶砂占细骨料用量比例 8%,玄武岩纤维体积掺量为 0.2%,棉花秸秆纤维体积掺量为 0.2%。

7.4 微观机理分析

为进一步分析陶粒、陶砂、玻化微珠轻集料、玄武岩纤维、秸秆纤维等在水泥基材料中的作用机理,采用 XRD 衍射分析、SEM 电镜分析揭示骨料、纤维与水泥基界面区的作用机理。

混凝土试件剖开后如图 7-12 所示,可见陶粒、陶砂、石子、砂子等粗细集料在水泥基体中分布较为均匀,并未出现陶粒、陶砂等轻集料上浮现象,且紧密堆积在水泥浆体中,黏结截面良好,试件内部无构造缺陷,整体成型较好,说明掺入纤维可有效抑制陶粒、陶砂等轻集料上浮。

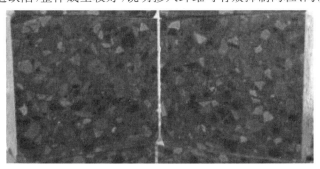

图 7-12 玄武岩/秸秆纤维隔热混凝土断面

7.4.1 XRD 衍射分析

选取 C1、C2、C3 试样,将试样磨碎后过 400 目筛,随后封样并进行 XRD 衍射分析,确定混凝土物相组成,如图 7-13 所示。

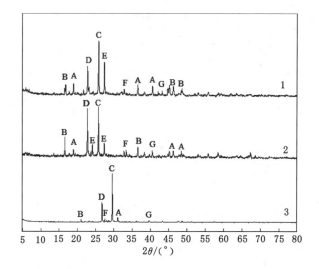

A—Ca(OH)₂；B—AFt；C—CaCO₃；D—SiO₂；E—C-S-H；
F—Al(OH)₃·AlPO₄；G—2MgSO₄·Mg(OH)₂。

图 7-13　玄武岩-秸秆纤维隔热混凝土衍射分析图谱

由图 7-13 可知：试样均出现了 AFt 和 Ca(OH)₂，其中 C2 试样中 AFt 超过了 Ca(OH)₂，表明 AFt 含量大于 Ca(OH)₂ 含量，且相较于 C1 和 C3 试样，AFt 含量较多，与 C2 抗压强度最大的宏观试验结果相吻合，这是因为陶砂中含有一定量的黏土矿物，适量的黏土矿物与水泥水化产物反应生成 AFt，从而造成 Ca(OH)₂ 含量降低。此外，由于掺入陶粒、陶砂和粉煤灰等矿物掺合料，各掺合料中的若干游离元素之间相互反应，生成了 Al(OH)₃·AlPO₄ 和 2MgSO₄·Mg(OH)₂，其具有阻燃、强度高、阻裂、性能稳定等特性，可有效提高混凝土强度和增韧阻裂的有益效果[236-237]。

7.4.2　SEM 电镜分析

（1）陶粒、陶砂轻集料微观结构分析

图 7-14 为 C2 混凝土试件基体轻集料与水泥基界面区 SEM 电镜扫描图。由图 7-14 可知：混凝土基体表面存在大量大小不一、相互嵌套且均匀分布的咬合孔洞。上述孔洞是由于在混凝土基体中均匀分布有陶粒、陶砂多孔轻集料，而孔洞内部空气导热率较低，因而能有

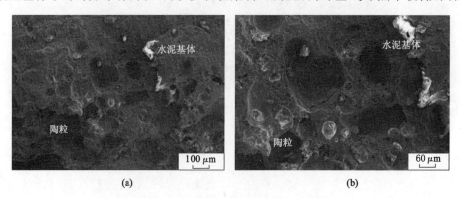

图 7-14　轻集料与水泥基界面区微观形貌

效降低混凝土的导热系数,使其具有较好的隔热效果。

（2）纤维微观结构分析

多孔轻集料掺入混凝土中,提高材料保温隔热性能,降低导热系数的同时提高了材料孔隙率,降低了强度。混凝土基体破坏时,首先是多孔材料孔壁弯曲,使得球形孔隙中产生应力流动并导致应力集中,促使拉伸应力发展,最终形成贯通裂缝,导致试件破坏。而当混凝土基体中混合掺入玄武岩纤维和秸秆纤维时,可在混凝土基体中形成纵横交错、乱向分布的纤维构造,起到加筋、加固的作用。

图 7-15 为纤维在混凝土基体中的分布形态。由图 7-15 可知:上述两种纤维在混凝土基体中构成了稳定的空间网状结构,当压力增大至结构破坏时,可有效抑制混凝土基体内部多孔结构破坏时引起的拉伸应力发展,起到加筋二级加强的效果,提高试件的整体性。

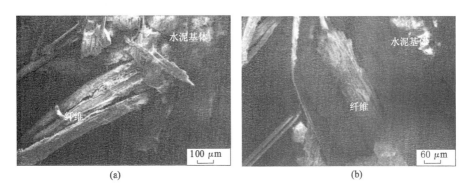

图 7-15　纤维与水泥基界面区微观形貌

（3）玻化微珠微观结构分析

进一步放大观察,可见在错乱分布的纤维上分布有大量蜂窝状的孔洞壳体,为玻化微珠微观结构,如图 7-16 所示,该表面为光滑薄片状,厚度为 10~20 nm,多孔蜂窝结构的玻化微珠嵌入水泥基浆体中。结合 XRD 衍射分析结果,该蜂窝状核壳结构为 $Al(OH)_3 \cdot AlPO_4$ 聚合物,是由呈花状结构的 $AlPO_4$ 包裹在 $Al(OH)_3$ 表面形成的,同时该结构可作为一种高效阻热物质,进一步提高混凝土材料的隔热保温性能。

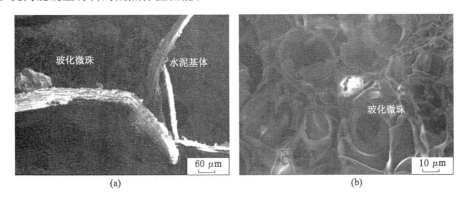

图 7-16　玻化微珠水泥基体微观形貌

7.5　本章小结

本章选用玄武岩纤维、棉花秸秆纤维掺入隔热混凝土中,配制玄武岩/秸秆纤维隔热混凝土,设计了陶粒占粗骨料用量比例、陶砂占细骨料用量比例、玄武岩纤维掺量、秸秆纤维掺量4因素3水平正交试验。

(1)试验结果。制备的玄武岩/秸秆纤维隔热混凝土抗压强度为15.54~28.45 MPa,抗拉强度为1.28~2.15 MPa,抗剪强度为11.82~21.70 MPa,导热系数为0.224 7~0.315 4 W/(m·K)。

(2)极差分析、方差分析、层次分析和灰色关联分析。由极差分析和方差分析可知:对于抗压强度,4种因素均有显著影响,其中陶粒占粗骨料用量比例为主要影响因素;对于抗拉强度,陶粒占粗骨料用量比例和秸秆纤维掺量均有显著影响;对于抗剪强度,4种因素均有显著影响,其中玄武岩纤维掺量、陶粒占粗骨料用量比例、陶砂占细骨料用量比例为主要影响因素;对于导热系数,陶砂占细骨料用量比例的影响显著。由层次分析获得了各因素水平对各项性能指标的影响权重。由灰色关联分析得到各项系数综合性能指标最优配合比为C2(A1B1C2D2),抗压强度为23.75 MPa,抗拉强度为1.99 MPa,抗剪强度为15.04 MPa,导热系数为0.224 7 W/(m·K)。

(3)微观机理分析。采用XRD衍射分析、SEM电镜分析,分别观察了陶粒、陶砂、纤维、玻化微珠在水泥基材料中的微观结构,认为陶粒、陶砂轻集料在水泥基中形成孔洞,使得热量在孔洞内空气中传递,降低导热系数;纤维的纵横交错分布起到了加筋二级加强效果;呈蜂窝状的玻化微珠结构,是一种高效阻热物质,可进一步提高材料的隔热性能。

8　隔热喷层支护技术工程应用与效果评价

基于提出的主动隔热机理,讨论了构建主动隔热喷层、主动隔热喷浆注浆层后的隔热效果及对巷道温度场的影响,借鉴地面轻集料混凝土保温材料,研制出适于深部高温巷道的隔热混凝土材料。

本章首先借鉴网壳锚喷支护结构,进而提出矿山隔热三维钢筋混凝土衬砌,该项主动隔热降温支护技术获得了 2020 年度安徽省专利优秀奖。由于条件有限,课题组尝试性地在朱集东矿进行了轻集料隔热喷浆的工程应用,在丁集矿进行了玄武岩/秸秆纤维隔热喷浆的工程应用,并结合应用情况作出效果评价。国内外从事矿井降温研究者少有针对隔热材料的工业应用尝试,国外苏联学者曾对该种方法有过尝试,取得了不错的效果但却未推广使用[9-10],国内可以查阅的文献有[51-54]。笔者在朱集东矿完成了约 100 m 长度巷道的工业应用,于丁集矿完成了约 300 m 长度巷道的应用实践,为进一步的推广提供参考。

8.1　矿山隔热三维钢筋混凝土衬砌

由前章数值分析结果可见增强喷层隔热能力、注浆层隔热能力对于巷道热湿环境的改善具有积极效果,但喷覆于巷道壁面的混凝土类材料,由于长期的裂隙水渗透和力学性能减弱,致使隔热效果减弱和支架结构支撑力不足,出现掉浆皮等安全隐患。另外,喷层的全断面施作方能达到最佳隔热效果,为此既要提高喷射混凝土的力学性能,又要对衬砌结构进一步改进,以获得合理的支护形式。

基于安徽理工大学提出的半刚性网壳锚喷支护结构[238],在许多矿区软岩巷道支护工程中推广应用[239-243],成功避免顶帮失稳与底鼓破坏相互诱发而产生的巷道大变形,清除了原支护中的薄弱部位,加强弱支护部位以提高支护抗力,与"控顶先控底,控帮先控顶底"的思想吻合[244-247]。

结合网壳锚喷支护结构和隔热混凝土喷层材料,提出一种能够主动隔绝深部岩温的新型功能性支护结构和方法,并已成功获得国家发明专利,其结构和功能简述如下[248]:

如图 8-1 所示,该结构由全封闭网壳支架和隔热混凝土喷层两部分组成,利用网壳支护结构的强大支护能力,保证巷道长期稳定;利用隔热混凝土的主动隔热优点,有效阻断围岩内部热量向巷道传递,起到主动隔热降温作用。由于网壳支护结构将混凝土包裹在众多小跨度的双向钢筋拱壳之内,大幅削弱混凝土的承载压力,因此,可以使用强度较一般混凝土低的隔热混凝土喷层材料,利用其导热系数较低的优点,阻断隔绝岩层热量向巷道传递,同时能够满足巷道支护喷层强度要求,保证井下工作人员身心健康,提高矿井生产率。

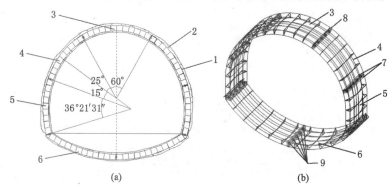

1—全封闭网壳支架;2—隔热混凝土喷层;3—顶网壳;4—上侧网壳;

5—下侧网壳;6—底网壳;7—连接板;8—可缩垫板;9—螺栓。

图 8-1 矿山隔热三维钢筋混凝土衬砌

8.2 朱集东矿工程应用与效果评价

8.2.1 工程概况

以淮南矿区典型高温矿井朱集东矿作为工业试验点,由于条件所限,于 2017 年 12 月至 2018 年 2 月尝试性地进行了约 100 m 的轻集料隔热喷浆试验,其矿井概况、地温场分布特征等情况已在 2.3 节中详叙。此处介绍试验巷道东冀 8 煤顶板回风大巷工程情况[249]。

8.2.1.1 地质水文情况

(1)巷道煤层及围岩特性

巷道顶板距上覆 11-1、11-2 煤垂直距离分别为 38.2～50.6 m、43.3～59.9 m;巷道底板距下伏 8 煤垂直距离为 27.2～42.3 m。上覆 11-1 煤、11-2 煤,下伏 8 煤目前无采掘活动。巷道与煤层距离变化主要受巷道坡度和断层影响。掘进区段位于二叠系下石盒子组第二含煤段 8 煤顶板,巷道所处围岩岩性以砂质泥岩、细砂岩和泥岩为主,局部发育 1～2 层不稳定煤线,其中细砂岩特征为浅灰白色、细粒砂质结构、层状、钙质胶结;砂质泥岩为灰色、块状,局部含砂较多;泥岩为灰黑色、致密、块状。掘进区段总体构造为一单斜构造,岩层倾角一般为 0°～4°,根据邻近巷道实际揭露情况,预计本巷道将揭露 9 条断层。

(2)巷道水文情况

该区段主要水源为 8 煤顶板砂岩裂隙水,根据邻近巷道及钻孔资料,区段顶板发育有 1～2 层厚细砂岩,总厚度为 18～25 m,平均厚度为 23 m。因砂岩裂隙发育不均,在裂隙、断层附近破碎带处,砂岩裂隙水易聚集,有滴水、淋水现象。预计巷道正常涌水量为 0～1.0 m³/h,最大涌水量为 5.0 m³/h。

8.2.1.2 巷道情况

巷道设计长度为 2 190.07 m,3‰下坡施工,断面尺寸为 5 400 mm×4 300 mm,直墙半圆拱断面,采用锚网(索)喷支护,当巷道围岩局部破碎时,采用架 36U 形棚＋喷注浆支护。

本次试验段仅采用锚网(索)喷支护,喷浆厚度为 120 mm,强度等级为 C20,水沟规格为 300 mm(宽度)×300 mm(深度),浇筑厚度为 100 mm,永久性水沟滞后迎头不超过 100 m。计划工期为 2017 年 7 月至 2019 年年初,服务年限为 10 年以上。

其支护参数见表 8-1,巷道位置如图 8-2 所示,断面设计如图 8-3 所示。

表 8-1　朱集东矿试验巷道支护参数

锚网(索)喷支护			断面尺寸 /mm	断面面积 /m²
锚杆	MG400,φ22 mm×2 500 mm	锚杆间、排距	800 mm×800 mm	净宽×净高 5 400×4 300	20.09
锚索	φ22 mm×6 300 mm 钢绞线	锚索间、排距	1 200 mm×1 600 mm		
钢筋网	φ6.5 mm×1 800 mm×900 mm	喷射混凝土	C20,厚 120 mm		
水沟	300 mm×300 mm	壁厚、铺底 100 mm,混凝土 C20			

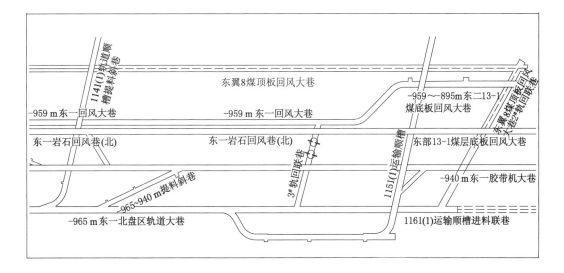

图 8-2　朱集东矿试验巷道位置示意图

8.2.1.3　掘进方式

采用钻爆法施工以及多工序平行交叉作业,全断面施工方法,一次钻孔、一次装药、一次爆破、一掘一支,循环进尺 1.6 m。喷浆采用初喷浆和复喷浆的支护措施,初喷浆厚度为 20～30 mm,复喷浆厚度为 80～100 mm,复喷浆滞后掘进工作面不大于 30 m,岩性较差时不大于 15 m。若岩性较为破碎或遭遇断层,锚网喷支护无法达到支护强度时,更换支护方式,采用 36U 形棚+喷注浆支护。

由于使用较为常规且成熟的钻爆法施工,掘进速度相对较慢,该巷道每月进尺为 50～80 m。

8.2.2　工业试验设计

隔热喷层支护工程包括支护结构和隔热喷层两个部分,图 8-4 所示为隔热喷层支护工

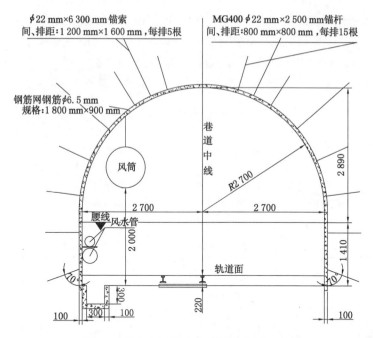

图 8-3 朱集东矿试验巷道断面(单位:mm)

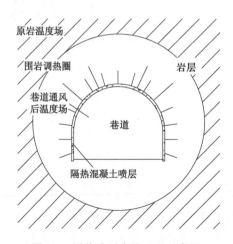

图 8-4 隔热喷层支护工程示意图

程示意图。

8.2.2.1 巷道喷层支护参数计算

支护设计分二次支护完成:第一次支护在巷道开挖后立即进行全断面喷射混凝土,打锚杆、锚索以形成初撑力;第二次支护为挂钢筋网、喷覆隔热混凝土喷层,形成既具有隔热能力又具有一定强度的支护体系。混凝土喷层强度按式(8-1)估算。

$$p_c = p_{nc} + p_{tic} \tag{8-1}$$

式中　　p_c——混凝土喷层支护强度估算值,MPa;

　　　　p_{nc}——普通混凝土喷层支护强度估算值,MPa;

　　　　p_{tic}——隔热混凝土喷层支护强度估算值,MPa。

根据现场应用情况,初喷混凝土为普通混凝土,喷射厚度为 20～30 mm,二次喷混凝土为隔热混凝土喷层,喷射厚度为 80～100 mm,混凝土喷层总厚度为 100～130 mm。

$$p = \frac{f_c d_s}{r} \tag{8-2}$$

式中　　p——混凝土喷层支护强度估算值,MPa;

　　　　f_c——喷射混凝土单轴抗压强度,MPa;

　　　　d_s——喷射混凝土厚度,m;

　　　　r——巷道半径,m。

普通喷射混凝土抗压强度为 33.24 MPa,隔热喷射混凝土抗压强度为 21.29 MPa,均由现场养护试件实测获得,普通喷层和隔热喷层厚度分别为 20 mm 和 80 mm,巷道半径取 2.7 m。

根据现场混凝土试件实测结果,计算喷层支护层强度为:

$$p_c = p_c + p_{tic} = \frac{33.24 \times 0.02}{2.7} + \frac{21.29 \times 0.08}{2.7} = 0.877 \; (\text{MPa}) \tag{8-3}$$

8.2.2.2　隔热混凝土喷层材料

根据前述章节室内试验结果选择粒径为 5～15 mm 的连续级配页岩陶粒、玻化微珠作为隔热混凝土喷层的隔热基材,页岩陶粒产自淮南金瑞新型建筑材料厂,其基本性能参数及颗粒级配测试结果见表 8-2 和表 8-3,玻化微珠产自河南信阳金华兰矿业有限公司,其基本性能与 6.1.1 节所述相同。

表 8-2　工业试验页岩陶粒基本性能

粒径/mm	堆积密度/(kg/m³)	筒压强度/MPa	吸水率/%	软化系数	含泥量/%
5～15	460	≥3.0	9.9	0.86	1.6

表 8-3　页岩陶粒颗粒级配情况

筛孔尺寸/mm	37.5	31.5	26.5	19.0	16.0	9.5	4.75	2.36
筛余质量/g	0	0	0	25	5795	725	60	35
分计筛余/%	0	0	0	0.4	87.1	10.9	0.9	0.5
累计筛余/%	0	0	0	0	88.0	98.0	99.0	100.0
筛分试样质量/g	6 650							
最大粒径/mm	15							
散失质量/g	10							

8.2.2.3　工业试验方案

为配合现场正常掘进施工,选择在原始喷浆料基础上增加隔热喷层材料作为隔热混凝土喷层,结合前述章节室内试验配合比设计工业试验配合比,换算为便于现场施工的体积配合比,配合比 $V_{原浆料}:V_{页岩陶粒}:V_{玻化微珠} = 1:0.5:0.5$,矿井用原浆料为 $V_{水泥}:V_{混合料} = 1:2$,$V_{瓜子片}:V_{砂子} = 1:1$,采用强度等级为 42.5 的矿渣硅酸盐水泥,初喷 20～30 mm,复喷 80～100 mm 厚隔热混凝土喷层。现场试验施工从 2017 年 12 月中旬至 2018 年 2 月初,完成试验巷道掘进约 100 m,之后进行为期一年的试验巷道和井下典型测点矿井热湿环境测试。

测试项目如下:

(1)井下热湿环境测试:包括井下各典型巷道干球温度、湿球温度、相对湿度、巷道岩壁温度,其中干、湿球温度和相对湿度采用深圳市新华谊仪表有限公司产的 MS6508 型数字温度计,岩壁温度采用非接触式红外测温计测量。在朱集东矿井各主要使用巷道内布置热湿环境测点,分布如下:

① −965 m 试验巷道测点:测点 1,掘进头岩壁;测点 2,距掘进头 3 m 处;测点 3,距掘进头 10 m 处;测点 4,距掘进头 20 m 处;测点 5,距隔热喷层试验巷道开始端 30 m 处;测点 6,距隔热喷层试验巷道开始端 60 m 处。

② −965 m 普通喷层巷道测点:测点 7,距未喷隔热喷层段 10 m 处;测点 8,东翼 8 煤顶板回风大巷 2# 轨回联巷;测点 9,东一北盘区轨道大巷(回风巷出风口未通风);测点 10,东一北盘区轨道大巷Ⅰ(回风巷通风,距通风口 5 m);测点 11,东一北盘区轨道大巷Ⅱ(回风巷通风,距通风口 300 m);测点 12,东一北盘区轨道大巷Ⅲ。

③ −906 m 普通喷层巷道测点:测点 13,东翼轨道大巷(南);测点 14,矿井主等候硐室。

部分测点相对位置标注如图 8-5 所示,同时各巷道硐室温、湿度测试取进入巷道右侧,岩壁温度测试取巷道右侧约 1.5 m 处,以保证测试数据具有对比性。

(a) −965 m 隔热喷层试验巷道段

(b) −965 m 普通喷层巷道段

图 8-5　典型巷道热环境测点布置示意图

(2)岩层内温度变化:采用 K 型热电偶传感器和数字式温度显示器,对比测试普通混凝土喷层和隔热混凝土喷层断面,测试断面由岩壁至岩层 3 m、2 m、1 m、0.5 m 及喷层内和喷层外,其中喷层外温度测量采用红外线测温仪。

测定围岩岩温的多点热电偶安装装置构造简图如图 8-6 所示。首先选取合适的巷道围岩,对岩壁打眼钻孔,孔径为 10～20 mm,选取合适直径的锚杆或锚索,将 K 型热电偶的电偶自由端安装于锚杆或锚索上,并通过补偿导线引出围岩外,通过插头与测量记录仪连接,最后通过锚固剂封堵钻孔,防止围岩温度测试受到巷道风流温度的影响。该方法可有效实现隧道、巷道岩层温度测试,不受测点、深度限制,一次性完成多点安装,且拆卸更换热电偶方便,便于长期观测记录[34]。

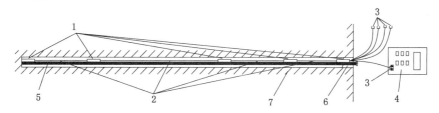

1—电偶自由端;2—补偿导线;3—插头;4—测量记录仪;
5—锚杆或锚索;6—锚固剂;7—围岩。

图 8-6　测定围岩岩温的多点热电偶安装装置示意图[34]

(3) 巷道风速测量:采用徐州珂尔玛科技有限公司生产的 GFW15 型矿用风速传感器。

(4) 试验巷道收敛测量:采用徕卡测量仪器(中国)有限公司生产的 X310 型激光测距仪测试,收敛测试巷道两帮、帮顶、拱帮以及底板隆起量,在 100 m 试验巷道共计布置收敛测点 4 处,间距 25 m,激光测距仪在巷道帮部的固定采用自主设计的固定装置[250]。

隔热混凝土室内测试:采用现场喷射入模的方式制作混凝土试块[251],井下原位养护至 28 d 龄期后测试隔热混凝土的力学性能和隔热性能,并与普通喷浆料对比。隔热混凝土材料按照前序章节换算体积配合比配制,便于现场施工,共计 3 种:① $V_{原浆料} : V_{页岩陶粒} : V_{玻化微珠} = 1 : 0.25 : 0.25$;② $V_{原浆料} : V_{页岩陶粒} : V_{玻化微珠} = 1 : 0.5 : 0.5$;③ $V_{原浆料} : V_{页岩陶粒} : V_{玻化微珠} = 1 : 1 : 1$。

8.2.3　工业试验结果与分析

在朱集东矿东翼 8 煤顶板回风大巷进行隔热混凝土喷层支护工程实践,试验巷道施工约 100 m,施工后巷道如图 8-7 所示,对比测试巷道各典型测点的热湿环境、岩层温度、试验巷道收敛量、隔热喷层材料现场养护后强度及导热系数等。

8.2.3.1　典型测点热湿环境

选取井下典型测点 14 个,测点布置详见 8.2.2.3 节,并与地面室内外温度对比,完成一年(2017 年 12 月至 2018 年 12 月)的热湿环境监测,包括各测点干球温度、湿球温度、相对湿度、岩壁温度,测试时间为 12:00～16:00。此外各主要巷道配备矿井空调,于 6—10 月开启使用。对于巷道风速,−906 m 各巷道在 2.5～3.0 m/s 之间,−965 m 各巷道在 3.0～3.5 m/s 之间。测试结果如图 8-8 所示。

由图 8-8 可知:

(1) 干球、湿球温度,相对湿度等建筑环境指标具有相同规律:地面室内外干湿球温度均远低于井下环境,淮南地区四季分明,冬季寒冷干燥、温度稳定在 1～13 ℃,相对湿度低于

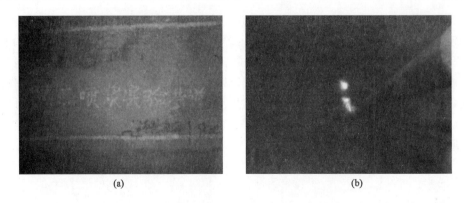

图 8-7　隔热混凝土喷层支护工程试验巷道

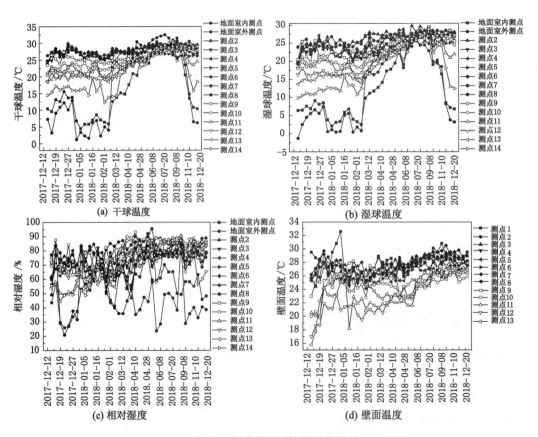

图 8-8　巷道热湿环境测试数据

60%;夏季高温潮湿,室外温度近 30 ℃,相对湿度在 30%~80%不等;而对于井下环境,受季节性影响较小,干球温度普遍在 20~30 ℃之间,湿球温度在 18~28 ℃之间,相对湿度在 60%~90%之间;地面与井下干湿球温度均随时间大致呈正弦曲线变化,这与季节性有一定的关系[252-253],但越远离井筒或通风口,均温逐渐提高,且变化曲线也不明显。

(2)对于井下热湿环境监测:等候硐室、主轨道大巷等长期使用巷道热湿环境稳定,而掘进工作面及其巷道热湿环境明显较恶劣。就朱集东矿而言,-906 m 等候硐室和轨道大巷受到地面因素影响较大,呈季节性变化,冬季温度为 $10 \sim 15$ ℃,夏季温度为 $20 \sim 30$ ℃,但相对湿度较低,维持在 $50\% \sim 90\%$ 之间;-965 m 普通喷层巷道各测点,由于长期使用,通风效果好,其虽然较 -906 m 巷道温度高,但其温度一般低于 25 ℃,相对湿度在 $60\% \sim 90\%$ 之间,适于人体正常工作;对于未设置通风措施的掘进施工试验巷道,越靠近工作面,其温、湿度不断升高,掘进工作面温度长期保持在 27 ℃以上,壁面温度大多数超过 27.5 ℃,相对湿度维持在 70% 以上。

(3)隔热混凝土喷层试验巷道在 2017 年 12 月中旬至 2018 年 2 月初,进行为期 2 个月的隔热喷层施工,选取试验大巷隔热喷层与普通喷层典型测点对比监测,包括掘进工作面测点 1、2、3、4,隔热喷层测点 5、6,以及测点 7、8,作试验周期 1 年的喷层壁面温度对比图,如图 8-9 所示。由图 8-9 可知:隔热喷层壁面温度一般为 $25.0 \sim 27.5$ ℃,普通喷层巷道掘进工作面温度一般约为 28.0 ℃,最大时甚至超过 30.0 ℃,距掘进工作面越远,温度有所降低,但一般大于 27.5 ℃,采用通风降温等措施后普通喷层壁面温度一般为 $26.0 \sim 29.0$ ℃,对比体现出隔热喷层的优势。

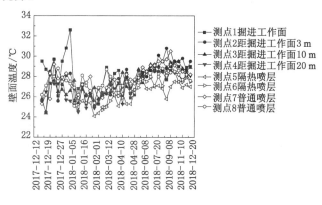

图 8-9　巷道壁面温度测试数据

(4)此外,应该看到掘进工作面及其巷道热湿环境条件复杂,测试影响因素众多,包括各种施工环节、装药爆破、临时支护、打眼钻孔、喷浆支护等,以及各类打钻机械的使用、人体散热、风流等均有不同程度影响。

8.2.3.2　岩层温度测试

对比测试普通喷层和隔热喷层各岩层温度变化情况,分别为岩层内 3 m、岩层内 2 m、岩层内 1 m、岩层内 0.5 m、喷层内和喷层外,共计 6 个测点,测试其瞬时、24 h、48 h 以及长期温度变化情况。现场测点布置如图 8-10 所示,测试结果如图 8-11 所示,对比分析普通和隔热喷层两个典型断面岩层及喷层内外温度测试结果。

(1)两个断面喷层岩层内温度随时间变化情况相同。在安装热电偶瞬时、24 h、48 h 阶段,岩层测试温度偏高,长期监测,岩层温度趋于稳定,且表现出与季节变化无关联。对于普通喷层断面,岩层内 3 m 瞬时、24 h、48 h 温度最高达 37 ℃,长期监测温度为 35 ℃。对于隔热喷层断面,岩层内 3 m 瞬时、24 h、48 h 最高温度为 40 ℃,而长期监测温度约为 36 ℃,其余岩层深度也具有相似规律。

(2)两个断面喷层岩层内温度变化情况相同。在岩层内 3 m 温度最高,而至 2 m、1 m、

图 8-10　巷道岩层温度测点布置

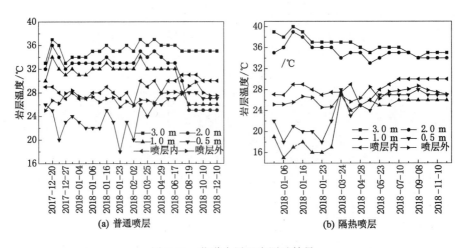

图 8-11　巷道岩层温度测试结果

0.5 m 岩层处温度逐渐下降,体现了原岩温度较高至巷道受通风影响温度降低的特点,但是在喷层内温度有所提高,与通常理解的越靠近巷道时温度受通风散热而线性降低有所不同。对于普通喷层断面,3 m 岩层温度稳定在 35 ℃,1 m 岩层温度稳定在 26 ℃,喷层内温度约 30 ℃。对于隔热喷层断面,3 m 岩层温度稳定在 36 ℃,1 m 岩层温度稳定在 25 ℃,喷层内温度约 30 ℃。

（3）对比两种喷层壁面温度,两种喷层内温度基本相同。通风初期,普通喷层巷道壁面温度稳定在 26～29 ℃,而隔热喷层巷道壁面温度控制在 24～27 ℃,说明隔热喷层起到了良好的阻止围岩热量向巷道内传递效果,岩壁面温度下降明显,而经过长达近 1 年的通风,两类壁面温度与巷道风温逐渐趋于一致,均维持在 27 ℃左右,隔热效果减弱,这与前一章数值模拟研究的结论一致。

8.2.3.3　巷道收敛测试

测试了隔热喷层支护试验巷道收敛情况,共布置测点 4 处,测点间距约 25 m,现场测点布置如图 8-12 所示,测试结果如图 8-13 所示。

由测试结果可知:试验巷道位移量在前 60 d 快速增长,之后收敛速度下降,位移量趋于稳定;经过 120 d 长期观测,各测点两帮移近量最大约 140 mm,顶板最大下沉量约 100 mm,

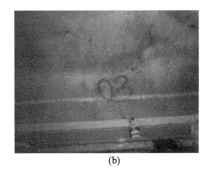

图 8-12　巷道收敛测点布置

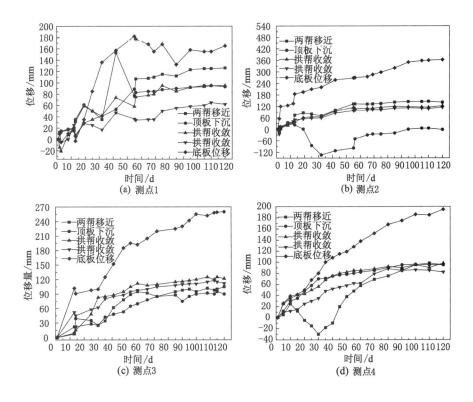

图 8-13　巷道收敛测试结果

拱顶位移量控制在 130 mm 以内,最大底鼓量出现在测点 2,达到 363 mm,其余测点底鼓量不超过 260 mm。其中两帮和拱顶收敛量相差不大,说明巷道出现整体变形和协调外移,但是底鼓量总体较大,这是因为采用锚网喷支护形式,底板未进行任何处理,从侧面体现前述采用全封闭网壳喷层支护结构的必要性。

8.2.3.4　隔热混凝土喷层测试

采用现场喷射入模的方式制作混凝土试块,井下原位养护 28 d。按照体积配合比分 3 种:① 隔热混凝土 Ⅰ:$V_{原浆料}:V_{页岩陶粒}:V_{玻化微珠}=1:0.25:0.25$;② 隔热混凝土 Ⅱ:$V_{原浆料}:V_{页岩陶粒}:V_{玻化微珠}=1:0.5:0.5$;③ 隔热混凝土 Ⅲ:$V_{原浆料}:V_{页岩陶粒}:V_{玻化微珠}=$

1∶1∶1。同时制作原浆料混凝土试块对比。

测试各配合比混凝土抗压强度、抗拉强度、导热系数及回弹情况,结果见表 8-4。由表 8-4 可知:随着隔热基材(页岩陶粒、玻化微珠)掺量增加,材料强度不断下降,隔热能力不断提高,现场试验所采用配合比隔热混凝土Ⅱ,满足喷射混凝土材料 C15 的工程要求。对于回弹损失率,随着陶粒等粗集料的掺入,回弹量逐渐增大,根据相关规定,回弹量为 15% 左右时可以适当回收回弹料掺入料中继续使用,但掺入量不得超过 30%[254]。

表 8-4 井下原位养护混凝土检测

试件编号	抗压强度/MPa	抗拉强度/MPa	导热系数/[W/(m·K)]	回弹损失/%
原浆料混凝土	33.24	1.45	1.27	13.52
隔热混凝土Ⅰ	28.28	1.22	0.85	16.28
隔热混凝土Ⅱ	21.29	1.04	0.52	17.81
隔热混凝土Ⅲ	15.92	0.82	0.35	19.85

对各组试件劈裂断面观察,如图 8-14 所示,可见灰褐色陶粒、白色颗粒状玻化微珠均布置于隔热混凝土中,从而提高了材料的隔热能力。

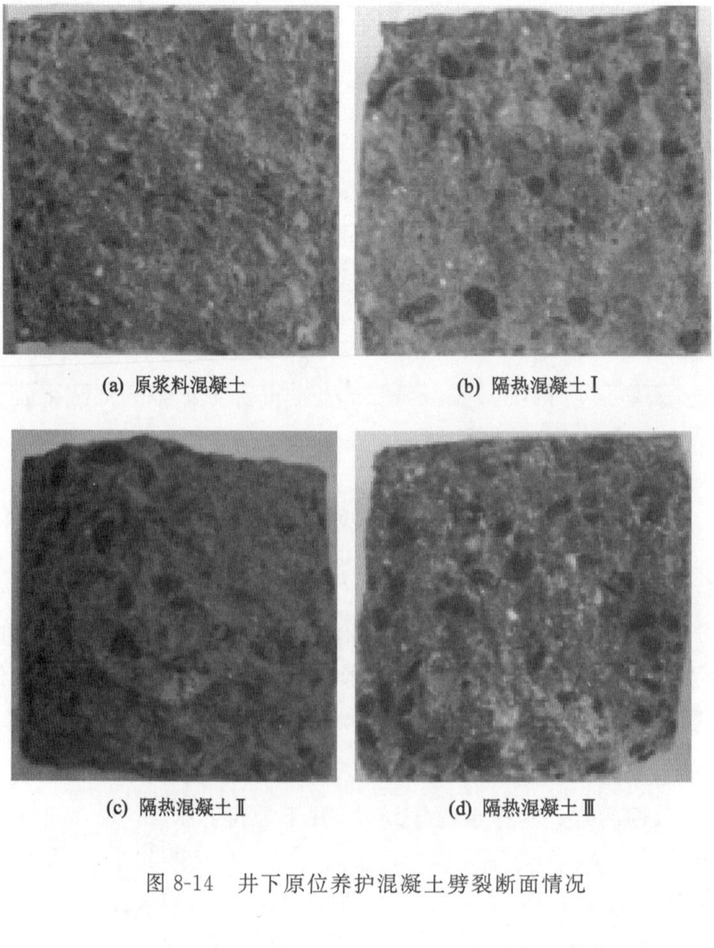

(a) 原浆料混凝土   (b) 隔热混凝土Ⅰ

(c) 隔热混凝土Ⅱ   (d) 隔热混凝土Ⅲ

图 8-14 井下原位养护混凝土劈裂断面情况

8.3 丁集矿工程应用与效果评价

8.3.1 工程概况

以淮南矿区典型高温矿井丁集矿作为工业试验点，于 2019 年 4 月至 8 月进行了约 300 m 长的玄武岩/秸秆纤维隔热喷浆试验，其矿井概况、地温场分布特征等情况已在 2.4 节中详叙，此处不再赘述。此处介绍试验巷道西三集中带式输送机大巷工程概况[255]，巷道标高为 −795.4~−825.4 m，由地温梯度预计，巷道原岩温度为 41.7~42.5 ℃，远超过《煤矿安全规程》规定的二级热害区标准。

8.3.1.1 地质水文情况

巷道围岩特性：试验段巷道顶板向上揭露岩性依次为：粉细砂岩 0~3.4 m，砂质泥岩 3.4~6.0 m，煤层 6.0~6.2 m，砂质泥岩 6.2~11.0 m，12 煤层 11.0~11.3 m，砂质泥岩 11.3~13.5 m，13-1 煤层 13.5~13.7 m，砂质泥岩 13.7~14.2 m。巷道底板往下揭露岩性依次为：砂质泥岩 0~1.25 m，细粒砂岩 1.25~4.30 m，粉细砂岩 4.3~6.0 m，石英砂岩 6.0~16.2 m。巷道两帮由砂质泥岩、粉细砂岩及细粒砂岩组成。

巷道水文情况：试验巷道区段主要充水水源为 13-1 煤底板砂岩裂隙水和 1272(3)工作面老采空区水，本区段 13-1 煤底板发育 2 层砂岩，单层最大厚度达 17.7 m，砂岩裂隙发育处局部赋水，且以静储量为主，易疏干，预计区域内正常涌水量为 1~5 m³/h，最大涌水量为 15 m³/h。此外，巷道拨门向前 480.8~892.2 m 位置处，上方为 1272(3)工作面采空区 1# 积水区，预计区域内正常涌水量为 0~10 m³/h，最大涌水量为 45 m³/h。

8.3.1.2 巷道情况

试验巷道西三集中带式输送机大巷位置如图 8-15 所示，埋深 −825.2 m，从西一 13-1 轨道大巷位置拨门，按 245°方位平巷施工 100 m，然后按 270°方位平巷施工至设计位置。其中，巷道整体设计标高为 −825.4~−795.4 m，掘进区段地层平缓，平均倾角为 1°~4°，总设计工程量为 2 921 m；巷道拨门向西 170~2 093 m 处，上覆 13-1 煤 1272(3)工作面已收作；拨门向西 322~2 116 m 处，下伏 11-2 煤 1412(1)工作面已收作。

巷道断面形式为 5 600 mm×4 300 mm 的直墙半圆拱断面，采用锚网（索）喷支护结构，当巷道围岩破损时，采用架 36U 形棚＋喷注浆支护。对于本次试验段，仅采用锚网（索）喷支护，喷浆厚度为 120 mm，强度为 C20，其支护参数见表 8-5，巷道设计断面如图 8-16 所示。

表 8-5 丁集矿试验巷道支护参数

锚网（索）喷支护			断面净宽×净高/mm	断面面积/m²
锚杆	MSGLW-400，ϕ22 mm×2 500 mm	锚杆间、排距	800 mm×900 mm	5 600×4 300	22.72
锚索	SK22-1/1860/6300 mm	锚索间、排距	1 200 mm×1 800 mm		
钢筋网	ϕ8 mm×1 200 mm×1 800 mm	喷射混凝土	C20，厚 120 mm		

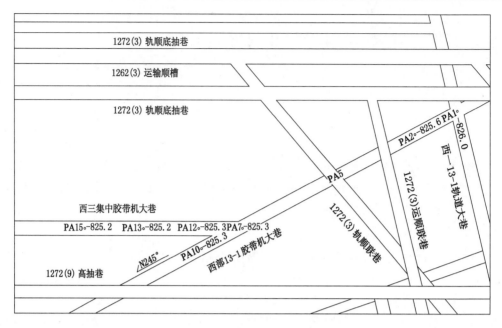

图 8-15 丁集矿试验巷道位置

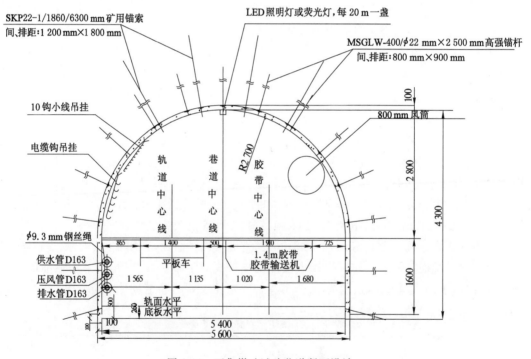

图 8-16 丁集煤矿试验巷道断面设计

8.3.1.3 掘进方式

采用钻爆法施工,与多工序平行交叉作业,全断面施工,掘进施工、进尺、支护方法、初复喷厚度等与朱集东矿试验巷道相同,遭遇岩性较差或过断层时,更换支护方式,采用 36U 形钢棚架＋喷逐渐支护。试验巷道每月进尺 50～80 m。

8.3.2　工业试验设计

8.3.2.1　玄武岩/秸秆纤维隔热混凝土制备及施工工艺

由前述所研制的玄武岩/秸秆纤维隔热混凝土室内试验,强度符合煤矿喷射混凝土要求,将该种新型隔热混凝土喷层材料应用于丁集矿典型高温巷道。

目前井下施工常采用的方法是将喷混凝土的粗、细骨料按照 1∶1 运送至指定位置,再由现场工人按照体积配合比加入水泥等胶凝材料,人工搅拌后投入干喷机或湿喷机进行喷射作业。上述方法存在较多缺陷:混凝土配合比由人工拌和决定,依靠工人施工经验,难以控制精细度;喷射作业一次所需材料较多,现场搅拌时人工拌和不易搅拌均匀,喷射之后会导致混凝土喷层强度达不到预期效果。此外,现场搅拌受限于井下工作环境,工人劳动强度较大,耗时耗力,不利于提高施工效率。

因此,为保证隔热混凝土喷层的各项材料搅拌后的均匀性,同时提高施工效率,将隔热喷混凝土干料完成搅拌并成袋封装,生产过程如图 8-17 所示,最后将封装好的复合喷浆料运送至丁集矿巷道工作面进行喷浆试验。隔热喷混凝土干料参照第 7 章所研发的玄武岩纤维/秸秆纤维隔热混凝土试验的最佳配合比 C2(A1B2C2D2),具体干料配合比见表 8-6。

表 8-6　丁集矿工业试验隔热混凝土干料配合比　　　　　　单位:kg/m³

陶粒	陶砂	玻化微珠	玄武岩纤维	秸秆纤维
58.142	66.448	9.0	5.26	0.40

由图 8-17 可知:玄武岩纤维/秸秆纤维混凝土生产流程与工艺如下:

① 将生产隔热混凝土所需轻质掺和料,如陶粒、陶砂、玻化微珠、玄武岩纤维以及秸秆纤维分别用货物电梯运送至投料层,分开堆放并做好标记,保证投料层的掺合料就位。

② 将水泥和粉煤灰分别备料,分别装入生产搅拌系统的干料输料罐;将砂子和石子放置于生产搅拌系统的粗、细骨料供料仓;通过计算机精确控制生产时向搅拌罐中所投送的上述各添加材料的用量。

③ 上述备料准备工作完成后,通过与总控制台联络,启动生产设备,开始往搅拌罐中投料,每次投料量为 1 m³ 所需的量,其中外掺和料(陶粒、陶砂、玻化微珠、玄武岩纤维以及秸秆纤维)在投料层人为称量,按照秸秆纤维、玻化微珠、陶砂、玄武岩纤维、陶粒的顺序完成掺和料投放。

④ 各掺和料投放完成后,与总控制台联络,关闭投料口,进行搅拌,搅拌时间不少于 3 min,保证各外掺和材料在搅拌罐中搅拌均匀。

⑤ 搅拌完成后,控制出料系统进行出料,出料时即完成袋装密封。

⑥ 密封好的袋装隔热喷射混凝土干料由带式输送机运送至堆放厂房大厅,等待运输至使用单位。

8.3.2.2　工业试验方案

玄武岩纤维/秸秆纤维隔热混凝土干拌合料运送至掘进喷射现场,结合现场情况,采用

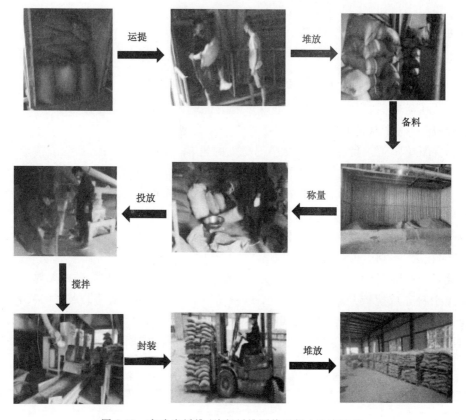

图 8-17　玄武岩纤维/秸秆纤维隔热混凝土生产流程

两种施工工艺流程完成现场试验：① 直接试验隔热混凝土喷层支护,喷厚 100 mm,试验长度约 150 m;② 首先采用普通混凝土喷层支护,喷厚 50 mm,之后采用隔热混凝土喷层支护,喷厚 50 mm,试验长度约 150 m。

在丁集矿西三集中带式输送机大巷,选取自点 PA31 至点 PA34 之间作为试验对照,为普通喷混凝土支护段,试验长度约 200 m;自点 PA34 向掘进工作面方向作为隔热喷混凝土支护试验段,包括隔热喷混凝土与普通喷混凝土复合支护段,先采用普通混凝土喷层支护 50 m,之后采用隔热混凝土喷层支护 50 m,试验长度约 150 m;全断面隔热喷混凝土支护段,喷厚 100 mm,试验长度约 150 m。试验巷道布置示意图如图 8-18 所示。

由图 8-18 可知:分别在试验巷道段设置 3 组测站,其中测站 1 位于全断面隔热混凝土喷层支护段中间位置,测站 2 位于普通混凝土和隔热混凝土复合喷层支护段中间位置,测站 3 位于普通混凝土喷层支护段中间位置。每个测站分别位于巷道的左、右帮中点及顶板中点处,测站布置示意图如图 8-19 所示。此外,在试验巷道喷层施工完成后,随着工作面掘进再选取 3 个测点,按照距离试验巷道的远近依次编号测站 4、测站 5、测站 6,距离试验巷道距离分别为 100 m、200 m、300 m,测试内容包括:

（1）巷道热湿环境测试:采用 MS6508 型数字温度计,测试巷道测站中间位置的空气温度和湿度。

（2）混凝土喷层壁面温度测试:在巷道测站点左、右帮中点及顶板中点采用非接触式红外测温仪测试壁面温度。

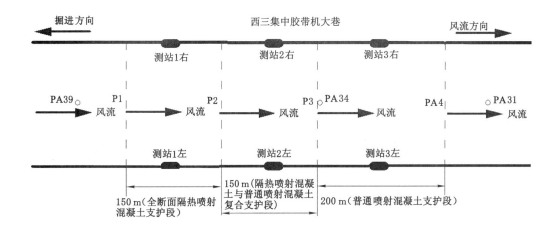

图 8-18　丁集矿试验巷道选取与布置示意图

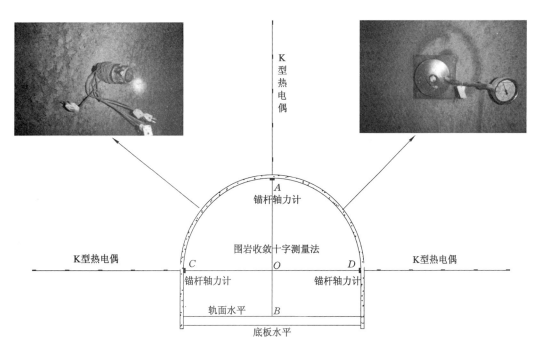

图 8-19　测站测点布置示意图

（3）岩层温度测试：采用 K 型热电偶传感器和数字式温度显示器，对比测试各测站断面岩层温度，测试断面岩层深部至 0.5 m、1.5 m、2.5 m、3.5 m、4.5 m。

（4）巷道收敛测试：采用 X310 型激光测距仪测量巷道测站两帮、帮顶、拱帮以及底板隆起量。

（5）混凝土衬砌层应力测试：在巷道测站左、右帮中点及顶板中点安装锚杆轴力计，监测混凝土衬砌层应力。

8.3.3　工业试验结果与分析

在丁集矿西三集中带式输送机大巷进行玄武岩纤维/秸秆纤维隔热混凝土喷层支护工业试验,分 3 个试验巷道段进行对比测试。丁集矿井下喷射施工采用干喷法作业,井下工作面喷混凝土干料堆放和投放情况如图 8-20 所示,进行喷射作业,完成巷道喷层支护情况如图 8-21 所示。各测站进行热湿环境、喷层壁面温度、岩层温度、衬砌层压力、收敛等测试。

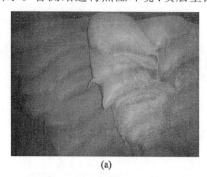 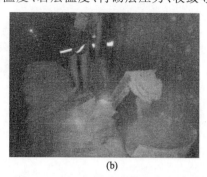

(a)　　　　　　　　　　　(b)

图 8-20　井下喷混凝土干料堆放和投放

(a)　　　　　　　　　　　(b)

图 8-21　巷道喷射作业与成型

8.3.3.1　巷道温、湿度测试

对测站 1 至测站 6 进行了为期近两个月的巷道内空气温度和相对湿度测试,测试结果如图 8-22 所示。

由图 8-22 和测试数据可知整条试验巷道的平均空气温度为 28.7 ℃,平均相对湿度为 78.0%,对比各个测站可得:

(1)测站 1 位于全断面隔热混凝土喷层支护段,测站 2 位于普通混凝土和隔热混凝土复合喷层支护段,其空气温度和相对湿度明显低于其余测站,可见隔热喷层的施作起到了降低围岩向巷道内部传热的作用。

(2)与测站 3 普通混凝土喷层支护段对比,可见测站 1 至测站 3 各测站点的空气温度和相对湿度呈上升趋势,表明巷道风流从掘进工作面传递,经过前段隔热喷层支护段时并未带来围岩多余热量。

(3)测站 4、5 和 6 位于工作面普通混凝土喷层支护段,其空气温度和相对湿度均开始

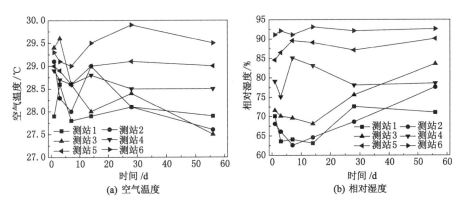

图 8-22 巷道空气温度和相对湿度测试结果

显著增大,且明显高于《煤矿安全规程》关于工作面温度不得超过 26 ℃ 的规定,原因是工作面裸露的围岩散热,风流带来大量热量,使得此处测点温度升高,水分蒸发,湿度增大。

同时进行了为期近两个月的巷道喷层壁面温度场测试统计,每个测站分别测巷道左帮壁面、右帮壁面及顶板壁面温度,测试结果如图 8-23 所示。

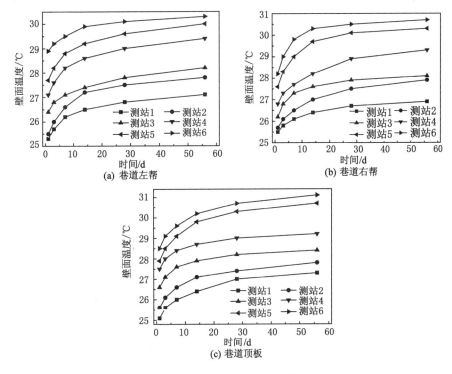

图 8-23 巷道壁面温度测试结果

由图 8-23 可知:巷道左帮、右帮及顶板壁面温度相差不大,呈现相同的变化规律,对比可得:

(1) 测站 1 位于全断面隔热混凝土喷层支护段:支护完成初期,巷道喷层壁面温度较低,其壁面温度初始温度基本与风温相同,约为 25.3 ℃,经过 14 d 的围岩壁面散热作用,壁面温度升高较快,达 0.08 ℃/d,之后随着支护时间增加,壁面温度增速平稳,于 28 d 后稳定,最终稳定在 27.1 ℃。

(2)测站 2 位于普通混凝土和隔热混凝土复合喷层支护段:其壁面温度变化规律与全断面隔热混凝土喷层支护段类似,但是其初始温度略高,为 25.6 ℃,随着通风时间增加趋于稳定,最终稳定在 27.8 ℃,较之全断面隔热混凝土喷层支护段,壁面温度增大 0.7 ℃。

(3)测站 3 位于普通混凝土喷层支护段:其壁面温度变化规律与其余测站类似,但是其初始壁面温度显著提高,为 26.4 ℃,随着通风时间增加趋于稳定,最终稳定在 28.2 ℃,较之全断面隔热混凝土喷层支护段,壁面温度增大约 1.1 ℃,较普通混凝土和隔热混凝土复合喷层支护段,壁面温度增大 0.4 ℃。

(4)测站 4、5 和 6 位于工作面普通混凝土喷层支护段:随着距隔热喷层支护试验段越远,同时距工作面越近,其壁面温度显著提高,最终壁面温度稳定在 29.3 ℃,30.3 ℃、30.7 ℃,比全断面隔热混凝土喷层支护段增大 2.2 ℃、3.2 ℃、3.6 ℃,比普通混凝土和隔热混凝土复合喷层支护段增大 1.5 ℃、2.5 ℃、2.8 ℃。

对比可见:采用玄武岩纤维/秸秆纤维隔热混凝土喷层构建主动隔热巷道,对矿井热湿环境的控制作用效果显著。

8.3.3.2 巷道温度测试

采用 K 型热电偶传感器和数字式温度显示器,对比测试各测站断面岩层温度,测试断面岩层深至 0.5 m、1.5 m、2.5 m、3.5 m、4.5 m,对比分析测站 1、测站 2、测站 3 断面左帮、右帮和顶板位置处岩层温度测试结果,如图 8-24 所示。

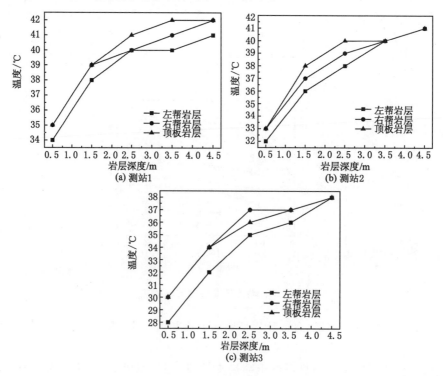

图 8-24 巷道岩层温度测试结果

由图 8-24 和壁面温度测试结果可知：

（1）各测站岩层内部温度变化表现出相似的规律，随着岩层深度增大，温度逐渐提高并趋于与原岩温度一致，受巷道通风影响，岩层温度逐渐降低，调热圈逐渐形成。但施作隔热喷层，各深度范围内岩层温度均高于未施作隔热喷层的，说明玄武岩纤维/秸秆纤维隔热混凝土喷层隔热效果显著，有效阻隔巷道围岩热量向巷道内部传递，这与前一章数值模拟研究的结论一致。

（2）对于测站 1 和测站 2，左帮、右帮和顶板岩层内部 0.5 m 处温度与混凝土喷层温度相差近 10 ℃和 7~8 ℃，说明隔热混凝土喷层起到了阻隔围岩热量的传递的作用；而对于测站 3，普通混凝土喷层支护段，左帮、右帮和顶板岩层内部 0.5 m 处温度与混凝土喷层温度相差仅 2 ℃，表明围岩内部 0.5 m 范围内的热量已经传递至巷道内部，遗散的热量被风流带走形成热污染，风流温度增大。

8.3.3.3 巷道收敛测试

测试了测站 1 至测站 6 巷道施工完成后近 3 个月的收敛情况，测试结果如图 8-25

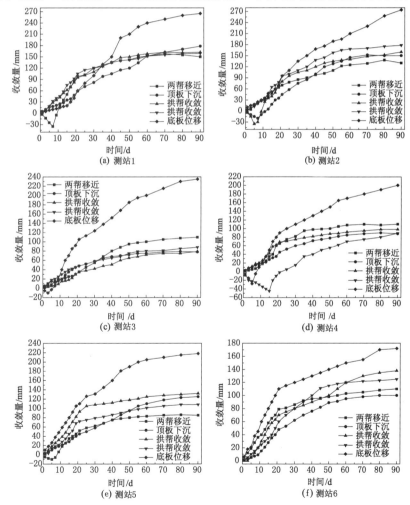

图 8-25　巷道收敛测试结果

所示。

由测试结果可知:所有测站位移在前 60 d 快速增长,支护收敛速度下降,至 90 d 后位移趋于稳定。测站 1 为玄武岩纤维/秸秆纤维隔热混凝土喷层支护试验巷道,两帮移近量最大约 150 mm,顶板下沉量最大控制在 180 mm 以内,拱帮收敛量最大控制在 160 mm 以内,最大底鼓量约 265 mm;测站 2 为普通混凝土和隔热混凝土复合喷层支护试验巷道,两帮移近量最大约 130 mm,顶板下沉量最大约 150 mm,拱帮收敛量最大控制在 180 mm 以内,最大底鼓量控制在 280 mm 以内;测站 3、4、5 和 6,作为普通喷层支护段,其位移小于上述隔热喷层试验巷道,两帮移近量最大控制在 110 mm 以内,顶板下沉量最大约 100 mm,拱帮收敛量最大控制在 140 mm 以内,而底鼓量最大约 235 mm。说明隔热喷层增强了巷道的隔热阻热能力,但在强度上较普通喷层弱,因而位移较大,但是满足巷道的使用要求。此外,试验巷道6 个测站底鼓量较大,多数超过 200 mm,这是因为采用锚网喷支护形式,底板未作处理,从侧面说明前述全封闭网壳锚喷支护结构的合理性。

8.3.3.4 混凝土喷层应力测试

测试了测站 1 至测站 3 巷道施工完成后近两个月的混凝土喷层应力情况,测试结果如图 8-26 所示。

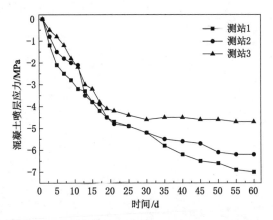

图 8-26 巷道混凝土喷层应力测试结果

由测试结果可知:各测站混凝土喷层应力均位于合理的受力范围内,由于使用玄武岩纤维/秸秆纤维隔热混凝土构建隔热喷层,隔热能力提高的同时力学强度损失,喷层应力有所提高。测站 1 的全断面隔热喷混凝土支护,喷层最高应力达 -7.0 MPa,测站 2 的隔热喷混凝土与普通混凝土复合支护,喷层最高应力超过 -6.0 MPa,而测站 3 的普通喷混凝土支护,喷层最高应力低于 -5.0 MPa。

8.4 效益分析

8.4.1 巷道成本经济效益

(1)朱集东矿

对试验巷道混凝土喷层支护成本进行分析比较。按照每月掘进 50 m 计算,根据现场

调查,原材料费用如下:

① 水泥:150 t,单价 330 元/t,则 150×330=49 500(元);

② 混合料(砂子+石子):300 t,单价 140 元/t,其中中砂 130 元/t,瓜子片 150 元/t,则 300×140=42 000(元);

③ 速凝剂用量为 2%～3%水泥用量,按 3%计需 4.5 t,单价 740 元/t,则 4.5×740=3 330(元)。

故每月巷道混凝土喷层支护所需费用为 49 500+42 000+3 330=94 830(元)。

隔热混凝土喷层材料费用,按照每月使用两种隔热基材各 250 袋计算:

① 页岩陶粒 250 袋,单价 15 元/袋,则 250×15=3 750(元);

② 玻化微珠 250 袋,单价 14 元/袋,则 250×14=3 500(元)。

故隔热材料需 3 750+3 500=7 250(元),扣除隔热材料替代部分混合料用量,混合料用量按 275 t 计,则需费用 275×140=38 500(元),为此,隔热混凝土喷层支护费用为 49 500+38 500+3 750+3 500+3 330=98 580(元)。

故采用隔热喷层支护后,费用增加 3 750 元/月,增加率为 3.95%。

(2)丁集矿

对试验巷道玄武岩纤维/秸秆纤维混凝土喷层经济成本进行分析比较。按照每月掘进 50 m 计算,原普通混凝土支护费用与朱集东矿类似,为 94 830 元。

采用玄武岩纤维/秸秆纤维混凝土喷层支护后,原材料费用:

将玄武岩纤维/秸秆纤维隔热喷混凝土干料封装成袋运送,干料包括陶粒、陶砂、玻化微珠、玄武岩纤维、秸秆纤维,单价约 22 元/袋,根据使用情况,按每月使用隔热干料 500 袋计算,则需 500×22=11 000(元)。

其他原材料费用,包括水泥、混合料(石子+砂子)、速凝剂等,与朱集东矿类似,需费用:

① 水泥:150 t,单价 330 元/t,则 150×330=49 500(元);

② 混合料(石子+砂子):275 t,单价 140 元/t,则 275×140=38 500(元);

③ 速凝剂:4.5 t,单价 740 元/t,则 4.5×740=3 330(元)。

为此,玄武岩纤维/秸秆纤维隔热混凝土喷层支护费用为 11 000+49 500+38 500+3 330=102 330(元)。

故采用玄武岩纤维/秸秆纤维隔热喷层支护后,费用增加 7 500 元/月,增加率为 7.91%。

8.4.2　热湿环境社会效益

朱集东矿采用 WK400 型空冷器通风降温制冷,主要巷道均配备空冷器,每年 5—10 月设备开启运行,能耗较大,且设备需按时维护、检修。采用隔热喷层支护技术后,大幅降低巷道喷层混凝土导热系数,由原普通喷射混凝土 1.27 W/(m·K)降低到试验用隔热喷射混凝土 0.52 W/(m·K),降低约 59.1%,隔热能力显著增强,有效降低工作面围岩热量向巷道内传递。

丁集矿与朱集东矿类似,每年夏季开启空冷器通风降温,采用玄武岩纤维/秸秆纤维混凝土喷层后显著降低喷层导热系数,增强喷层隔热能力。

主动隔热喷层支护技术与传统的增大通风量,甚至使用矿井空调降温有重大区别,它是一种切断热源的主动控制技术。在巷道掘进、工作面施工中即采取温度控制措施,具有支护与隔热双重功能,既避免矿井通风设备在掘进初期安装不到位的情况,又能减缓热量向巷道内传递,有效提高工作效率,为矿井热环境控制提供了新思路、途径和方法。

此外,该项技术可以与其他节能技术联合应用,进一步推广应用到高地温煤矿和地下工程各个领域,集成隔热、降温、减排等多项技术,实现循环经济良性健康发展。

8.5　本章小结

选取淮南矿区典型高温矿井朱集东矿进行工业试验,对试验巷道东翼8煤顶板回风大巷采取隔热混凝土喷层支护技术;选取丁集煤矿进行工业试验,对试验巷道西三集中带式输送机大巷采取玄武岩纤维/秸秆纤维隔热混凝土喷层支护技术,得到如下结论:

(1)矿山隔热三维钢筋混凝土衬砌:结合半刚性网壳锚喷支护技术和隔热混凝土喷层材料,提出一种能够主动隔绝深部岩温的新型功能性支护结构和方法,利用网壳支护结构的强力支护能力,保证巷道长期稳定;利用隔热混凝土的主动隔热功能,阻断围岩内部热量向巷道传递,起到主动隔热降温作用。

(2)工业试验设计:于朱集东矿完成隔热混凝土喷层支护工业试验,采用先喷覆普通混凝土喷层20~30 mm,再喷覆隔热混凝土喷层80~100 mm的施工方案,试验巷道长约100 m;于丁集矿完成玄武岩纤维/秸秆纤维隔热混凝土喷层支护工业试验,喷层厚100 mm,试验巷道长约150 m;完成普通混凝土和隔热混凝土复合喷层支护工业试验,采用先喷覆普通混凝土喷层50 mm,再喷覆隔热混凝土喷层50 mm,试验巷道长约150 m。

(3)朱集东矿工程应用效果评价:对井下典型巷道14个测点进行热湿环境监测,并与地面环境对比,结果表明井下高温热害问题严重,越接近工作面,高温热害越严重,掘进工作面温度长期保持在27 ℃以上,壁面温度超过27.5 ℃,相对湿度维持在70%以上;对比普通、隔热喷层巷道温、湿度情况,表明采用隔热混凝土喷层能有效阻绝热量向巷道传递,壁面温度下降1~2 ℃;试验巷道收敛测试结果表明隔热混凝土支护后的巷道在120 d长期观测中,各测点两帮移近量最大约140 mm,顶板最大下沉量约100 mm,拱顶位移量控制在130 mm以内,但底鼓量总体较大,原因是本工程采用锚网喷形式,底板未作处理;对普通喷射混凝土和隔热喷射混凝土采用现场原位养护的方式,制作试样测试其性能,结果表明其导热系数较普通混凝土降低59.1%,隔热能力显著增强,经过长期养护后期强度不断发展,满足工程强度要求。

(4)丁集矿工程应用效果评价:对井下试验巷道6个测点进行热湿环境、混凝土喷层壁面温度、岩层温度、收敛量、衬砌层应力测试,结果表明整条巷道的平均空气温度为28.7 ℃,平均相对湿度为78.0%,施作玄武岩纤维/秸秆纤维隔热混凝土喷层壁面温度较普通混凝土喷层降低明显,稳定在27.1 ℃,施作普通混凝土和隔热混凝土复合喷层壁面温度稳定在27.8 ℃,隔热效果明显;试验巷道收敛测试结果表明在近90 d的观测中,施作玄武岩纤维/秸秆纤维隔热混凝土喷层的试验巷道位移较其他支护段大,两帮移近量最大约150 mm,顶板下沉量最大控制在180 mm以内,拱帮收敛量最大控制在160 mm以内,最大底鼓量约265 mm;而混凝土衬砌应力测试结果表明在60 d的观测中,施作隔热混凝土喷层的应力较普通喷层大,喷层最高应力达-7.0 MPa,说明隔热喷层强度较普通喷层弱,因而位移、应力均较大。

(5)效益分析:结果表明支护费用略有增长,但能显著降低矿用空冷器等降温设备的能耗,是一项节能减排的良性技术措施,为矿井热环境控制提供了新思路。

9 主要结论、创新点及展望

9.1 主要结论

随着地下工程开采深度不断增加,矿井热环境改善成为进一步深部开掘的瓶颈之一。调研淮南矿区地温分布特征,以典型热害矿井朱集东矿、丁集矿为例分析地温场影响因素,提出了主动隔热降温思路。采用有限元数值模拟方法研究主动隔热巷道温度场分布规律,借鉴地面保温材料,选用轻集料混凝土构建主动隔热喷层,研制适宜井下喷射的新型隔热混凝土材料,并提出了矿山隔热三维钢筋混凝土衬砌构想,以典型高温巷道为工程依托,完成主动隔热喷层支护技术工程应用与效果评价,主要结论如下:

(1)文献与现场调研分析了淮南矿区地热地质特征,并以朱集东矿、丁集矿为分析例证。

分析了朱集东矿 64 个测温钻孔数据,其中近似稳态测温钻孔 3 个,结果表明:地温随着深度增大线性递增,地温梯度介于 1.7~3.6 ℃/hm,平均值为 2.60 ℃/hm,原岩温度超过 31 ℃一级热害区平均深度为 -552.01 m,超过 37 ℃二级热害区平均深度为 -741.01 m,现今主要工作水平 -906 m 和 -965 m 大部分处于一级热害区,部分处于二级热害区,进一步开发的 $-1\,070$ m 和 $-1\,200$ m 水平绝大部分处于二级热害区。

分析丁集矿 41 个测温钻孔数据,其中近似稳态测温钻孔 4 个,结果表明:地温随深度增大线性递增,地温梯度介于 1.95~3.58 ℃/hm,平均值为 2.80 ℃/hm,原岩温度超过 31 ℃一级热害区平均深度为 -471.24 m,超过 37 ℃二级热害区平均深度为 -660.39 m,现今主要工作水平超过 -900 m,面临严重的高温热害问题。

淮南矿区地温分布主要受地质构造(基底起伏和褶皱、断层)、岩石热物理性质(岩石热导率、松散层厚度)、岩浆岩活动、地下水、地面天气季节性变化等影响。

(2)以巷道围岩温度控制为研究对象,分析巷道围岩热传导模型,计算巷道围岩吸热量或放热量,建立主动隔热层,即 $Q'_{gu} = k'_{\tau}LU(t'_{gu} - t_B)$,改变换热系数 k'_{τ} 阻隔减少围岩放热量,同时削弱巷道风流对围岩温度场的影响,称之为主动隔热。对此提出轻集料混凝土喷层构建隔热层,从混凝土导热模型出发,理论上证实轻集料掺入混凝土中对材料隔热能力的改善。总结了主动隔热模型的工作模式,对于隔热喷层构建主动隔热模型,划分为 4 种工作模式,对于隔热喷注构建主动隔热模型,划分为 2 种工作模式,并分类计算了主动隔热模型支护体系强度。

(3)建立数值模型研究隔热混凝土喷层导热系数、喷层厚度、围岩导热系数、赋存温度对巷道温度场的影响,结果表明:调热圈半径随着通风时间呈幂指数关系增大,岩层内部温度随着径向深度增大逐渐升温并与原岩温度一致,壁面温度在通风初期急剧减小,后期仍缓慢下降逐渐稳定。围岩本身热物理性质决定了巷道围岩温度场分布,岩温是最敏感的因素;采取低导热系数喷层、增加厚度的措施可阻隔围岩热量、减小风流对围岩温度场影响,但随着时间增加逐渐减弱,喷层导热系数较厚度的敏感度高。

(4)建立数值模型研究隔热注浆层导热系数、范围、隔热喷层导热系数、隔热喷层厚度对巷道温度场的影响,结果表明:施作隔热注浆层、隔热喷层构建阻热圈可有效阻隔风流对围岩温度场的扰动,减小调热圈半径,降低壁面温度。隔热喷注材料导热系数是巷道温度场分布的决定因素,而注浆层范围、喷层厚度是次要因素,且隔热喷层在通风前期对壁面温度降低有利,随着时间增加,岩层径向深度增大,注浆层热物理参数注浆占据主导地位。

(5)分析了轻集料混凝土的作用机理,采用正交试验方法研制深部高温巷道轻集料隔热混凝土喷层材料,包括陶粒隔热混凝土和陶粒玻化微珠隔热混凝土。

界面区微观结构分析表明:养护早期水泥基体存在大量 C-S-H 凝胶、钙矾石 AFt 晶体,粗骨料与水泥石间存在裂隙是混凝土破坏的内在原因,而养护后期,轻集料与水泥基体形成界面嵌固区,破坏往往是轻集料本身强度低所导致,克服了普通混凝土界面区薄弱的劣势。

对于陶粒隔热混凝土,表观密度为 1 593~2 067 kg/m^3,导热系数为 0.202 9~0.325 4 $W/(m \cdot K)$,抗压强度、抗拉强度、抗折强度分别为 17.80~44.60 MPa、1.22~2.46 MPa、2.25~5.03 MPa,研究不同级配陶粒、玻化微珠粉煤灰和砂子用量对材料性能的影响,结果表明:对于表观密度和导热系数,陶粒掺量为最主要影响因素,而各因素均对力学性能有不同程度影响,通过层次分析得到各因素水平对各项性能影响权重,通过功效系数分析得到综合性能最优配合比。

对于陶粒玻化微珠隔热混凝土,表观密度为 1 525~1 956 kg/m^3,导热系数为 0.178 9~0.253 1 $W/(m \cdot K)$,抗压强度、抗拉强度、抗折强度分别为 18.80~30.80 MPa、1.22~1.97 MPa、1.61~3.18 MPa,讨论不同陶粒、玻化微珠、粉煤灰和砂子用量对材料性能的影响,结果表明:对于表观密度,玻化微珠掺量为主要影响因素;对于导热系数和力学性能,陶粒和玻化微珠掺量为主要影响因素,且二者影响程度相近;通过层次分析得到各因素水平对各项性能影响权重,通过功效系数分析得出综合性能最优配合比。

(6)制备玄武岩纤维/秸秆纤维隔热混凝土,导热系数为 0.224 7~0.315 4 $W/(m \cdot K)$,抗压强度、抗拉强度、抗剪强度分别为 15.54~28.45 MPa、1.28~2.15 MPa、11.82~21.70 MPa,讨论陶粒、陶砂、玄武岩纤维、秸秆纤维用量对材料性能的影响。结果表明:对于导热系数,陶砂用量影响显著;对于抗压强度,陶粒用量为主要影响因素;对于抗拉强度,陶粒、秸秆纤维用量有显著影响;对于抗剪强度,玄武岩纤维、陶粒、陶砂用量为主要影响因素,通过层次分析得到各因素水平对各项性能影响权重,通过灰色关联分析得到综合性能最优配合比;由微观分析证实了纤维在水泥基体中的二级加强效果。

(7)结合半刚性网壳锚喷支护技术和隔热混凝土喷层材料,提出一种能够主动隔绝深部岩温的新型功能性支护结构和方法——矿山隔热三维钢筋混凝土衬砌,利用网壳支护结构的强支护能力,保证巷道长期稳定;利用隔热混凝土的主动隔热功能,阻断围岩内部热量向巷道传递,起到主动隔热降温作用。

以朱集东矿东翼 8 煤顶板回风大巷为工程依托,进行约 100 m 长的隔热喷层工业试验,完成井下典型巷道为期 1 a 的热湿环境监测,结果表明:井下高温热害严重,掘进工作面温度长期保持在 27 ℃以上,壁面温度超过 27.5 ℃,相对湿度维持在 70%以上。采用隔热混凝土喷层后壁面温度有所下降,现场养护试件表明隔热喷层导热系数显著降低,强度不断发展,满足工程应用要求。

以丁集矿西三集中带式输送机大巷为工程依托,进行了约 300 m 长的玄武岩纤维/秸秆纤维隔热混凝土喷层工业试验,结果表明:整条巷道的平均空气温度为 28.7 ℃,平均相对湿度为 78.0%,采用隔热混凝土喷层后壁面温度有所下降,巷道收敛、衬砌层应力测试表明衬砌强度满足工程应用要求。该项技术是一项节能减排的良性技术措施,为矿井热环境控制提供了新思路。

9.2　创新点

本书开展了高地温主动隔热巷道温度场演化规律及应用的研究,主要创新点如下:

(1)提出深部高温巷道主动隔热机理,布置隔热层以构建主动隔热模型,通过改变换热系数阻隔围岩热量向巷道传递,同时削弱巷道风流对围岩温度场的影响,提出隔热喷层构建主动隔热模型,隔热喷浆层、注浆层构建主动隔热模型两种主动隔热方案,采用数值模拟方法分析两种方案的巷道温度场分布规律,获得各因素对调热圈半径、岩层温度、壁面温度的影响敏感度。

(2)提出采用轻集料混凝土喷层构建隔热层,以井下喷射混凝土为应用背景,揭示了轻集料混凝土界面区微观特性,研制巷道隔热混凝土材料,采用正交试验方法研究不同因素对混凝土各项热物理力学性能的影响;利用玄武岩纤维/秸秆纤维的增强效果,研制玄武岩纤维/秸秆纤维隔热混凝土材料,采用正交试验方法研究不同因素对混凝土各项热物理力学性能的影响。

(3)提出一种能够主动隔绝深部岩温的新型功能性支护结构和方法——矿山隔热三维钢筋混凝土衬砌。结合半刚性网壳锚喷支护技术和隔热混凝土喷层材料,利用网壳支护结构的强大支护能力,保证巷道长期稳定;利用隔热混凝土的主动隔热功能,阻断围岩内部热量向巷道传递,起到主动隔热降温作用。

9.3　展望

深部热湿环境的改善对于提高井下工作效率和工人身心健康具有重要现实意义,国内外学者对此从现场测试、理论分析、数值模拟、室内试验等方面做了大量工作,取得了一些重要成果。本书以主动隔热降温为出发点,讨论主动隔热巷道温度场演变规律,研制隔热混凝土喷层材料及尝试性工程应用研究,但某些方面还不够全面和深入,今后可以从以下几个方面进一步开展研究:

(1)丰富轻集料混凝土性能试验:本书对混凝土材料的研究仅限于静态热物理力学特性,但是混凝土作为结构材料,其长期蠕变、动力学特性值得进一步关注和讨论。

(2)喷射混凝土现场施工性能试验:本书对轻集料混凝土开展了部分室内试验,但将其应用于工程实践,仍需要对其施工性能展开详细研究,现场的淋水处理、泵送、喷射、施工、养护条件与室内试验有较大区别,室内试验结果往往不能有效供现场工程参考。

(3)矿山隔热三维钢筋混凝土衬砌推广:本书尝试性地进行了隔热喷层的工程应用,但由于受条件限制,对于提出的隔热衬砌结构未能进行详细研究与应用,今后应当进行完整的模型试验,讨论其支护能力、隔热性能,并尝试性地进行工程应用与推广。

参 考 文 献

[1] 袁亮,张农,阚甲广,等.我国绿色煤炭资源量概念、模型及预测[J].中国矿业大学学报,2018,47(1):1-8.

[2] 谢和平,周宏伟,薛东杰,等.煤炭深部开采与极限开采深度的研究与思考[J].煤炭学报,2012,37(4):535-542.

[3] 彭瑞.深部巷道耦合支承层力学分析及分层支护控制研究[D].淮南:安徽理工大学,2017.

[4] 李为腾.深部软岩巷道承载结构失效机理及定量让压约束混凝土拱架支护体系研究[D].济南:山东大学,2014.

[5] 刘泉声,高玮,袁亮.煤矿深部岩巷稳定控制理论与支护技术及应用[M].北京:科学出版社,2010.

[6] 姚韦靖,庞建勇.我国深部矿井热环境研究现状与进展[J].矿业安全与环保,2018,45(1):107-111.

[7] WAN Z J,ZHANG Y,C J Y,et al. Mine geothermal and heat hazard prevent and control in China[J]. Disaster advances,2013,6(S5):86-94.

[8] 张源.高地温巷道围岩非稳态温度场及隔热降温机理研究[D].徐州:中国矿业大学,2013.

[9] DU PLESSIS G E,LIEBENBERG L,MATHEWS E H. The use of variable speed drives for cost-effective energy savings in South African mine cooling systems[J]. Applied energy,2013,111:16-27.

[10] DU PLESSIS G E,LIEBENBERG L,MATHEWS E H. Case study:the effects of a variable flow energy saving strategy on a deep-mine cooling system[J]. Applied energy,2013,102:700-709.

[11] SZLAZAK NIKODEM,OBRACAJ DARIUSZ,BOROWSKI MAREK. Methods for controlling temperature hazard in Polish coal mine[J]. Archives of mining science,2008,53(5):497-510.

[12] 中国科学院地质研究所地热室.矿山地热概论[M].北京:煤炭工业出版社,1981.

[13] 余恒昌.矿山地热与热害治理[M].北京:煤炭工业出版社,1991.

[14] 何满潮,郭平业.深部岩体热力学效应及温控对策[J].岩石力学与工程学报,2013,32(12):2377-2393.

[15] 姜光政,高堋,饶松,等.中国大陆地区大地热流数据汇编(第四版)[J].地球物理学报,2016,59(8):2892-2910.

[16] 庞忠和,黄少鹏,胡圣标,等.中国地热研究的进展与展望(1995—2014)[J].地质科学,2014,49(3):719-727.

[17] 郭平业.我国深井地温场特征及热害控制模式研究[D].北京:中国矿业大学(北京),2010.

[18] 徐胜平.两淮煤田地温场分布规律及其控制模式研究[D].淮南:安徽理工大学,2014.

[19] 万志军,毕世科,张源,等.煤-热共采的理论与技术框架[J].煤炭学报,2018,43(8):2099-2106.

[20] 张立新.高温矿井温度场演化规律与降温技术研究[D].阜新:辽宁工程技术大学,2014.

[21] 蓝航,陈东科,毛德兵.我国煤矿深部开采现状及灾害防治分析[J].煤炭科学技术,2016,44(1):39-46.

[22] 岑衍强,胡春胜,侯祺棕.井巷围岩与风流间不稳定换热系数的探讨[J].阜新矿业学院学报,1987,6(3):105-114.

[23] 孙培德.计算非稳定传热系数的新方法[J].中国矿业大学学报,1991,20(2):33-37.

[24] 杨胜强.高温、高湿矿井中风流热力动力变化规律及热阻力的研究[J].煤炭学报,1997,22(6):627-631.

[25] 周西华,单亚飞,王继仁.井巷围岩与风流的不稳定换热[J].辽宁工程技术大学学报(自然科学版),2002,21(3):264-266.

[26] 秦跃平,党海政,刘爱明.用边界单元法求解巷道围岩的散热量[J].中国矿业大学学报,2000,29(4):403-406.

[27] 秦跃平,孟君,贾敬艳,等.非稳态导热问题有限体积法[J].辽宁工程技术大学学报(自然科学版),2013,32(5):577-581.

[28] 刘何清,王浩,邵晓伟.高温矿井湿润巷道表面与风流间热湿交换分析与简化计算[J].安全与环境学报,2012,12(3):208-212.

[29] 王义江.深部热环境围岩及风流传热传质研究[D].徐州:中国矿业大学,2010.

[30] 胡汉华.金属矿山热害控制技术研究[D].长沙:中南大学,2007.

[31] 陈宜华.深部矿床开采地热成因及降温技术研究[D].沈阳:东北大学,2012.

[32] 姬建虎,廖强,胡千庭,等.热害矿井冷负荷分析[J].重庆大学学报,2013,36(4):125-131.

[33] HU Z Q,XIA Q. An integrated methodology for monitoring spontaneous combustion of coal waste dumps based on surface temperature detection[J]. Applied thermal engineering,2017,122:27-38.

[34] 姚韦靖,张瑞,庞建勇.一种测定隧道围岩岩温的多点热电偶安装装置:CN207881855U[P].2018-08-17.

[35] 王义江,周国庆,魏亚志,等.深部巷道非稳态温度场演变规律试验研究[J].中国矿业大学学报,2011,40(3):345-350.

[36] ZHANG Y,WAN Z J,GU B,et al. Unsteady temperature field of surrounding rock mass in high geothermal roadway during mechanical ventilation[J]. Journal of Central South University,2017,24(2):374-381.

［37］李春阳.新型矿用隔热防水材料在矿井应用的节能实验研究［D］.天津:天津大学,2008.

［38］杨沫.煤矿巷道内围岩传热量计算若干问题的研究［D］.天津:天津大学,2006.

［39］秦跃平,王浩,郭开元,等.巷道围岩温度场有限体积法模拟计算及实验分析［J］.煤炭学报,2017,42(12):3166-3175.

［40］姬建虎,廖强,胡千庭,等.掘进工作面冲击射流换热特性［J］.煤炭学报,2013,38(4):554-560.

［41］姬建虎,廖强,胡千庭,等.热害矿井掘进工作面换热特性［J］.煤炭学报,2014,39(4):692-698.

［42］张树光,孙树魁,张向东,等.热害矿井巷道温度场分布规律研究［J］.中国地质灾害与防治学报,2003,14(3):9-11.

［43］张树光.深埋巷道围岩温度场的数值模拟分析［J］.科学技术与工程,2006,6(14):2194-2196.

［44］高建良,魏平儒.掘进巷道风流热环境的数值模拟［J］.煤炭学报,2006,31(2):201-205.

［45］高建良,张学博.潮湿巷道风流温度及湿度计算方法研究［J］.中国安全科学学报,2007,17(6):114-119.

［46］吴强,秦跃平,郭亮,等.掘进工作面围岩散热的有限元计算［J］.中国安全科学学报,2002,12(6):33-36.

［47］袁梅,王作强,章壮新.矿井空气热力状态参数的计算机预测［J］.煤炭科学技术,2003,31(5):36-38.

［48］孙培德.深井巷道围岩地温场温度分布可视化模拟研究［J］.岩土力学,2005,26(增刊):222-226.

［49］YAO W J,PANG J Y,MA Q Y,et al. Influence and sensitivity analysis of thermal parameters on temperature field distribution of active thermal insulated roadway in high temperature mine［J］. International journal of coal science & technology,2021,8(1):47-63.

［50］YAO W J,LYIMO H,PANG J Y. Evolution regularity of temperature field of active heat insulation roadway considering thermal insulation spraying and grouting:a case study of Zhujidong Coal Mine,China［J］. High temperature materials and processes,2021,40(1):151-170.

［51］郭文兵,涂兴子,姚荣,等.深井煤矿巷道隔热材料研究［J］.煤炭科学技术,2003,31(12):23-27.

［52］姚嵘,张玉波.深井煤矿巷道隔热材料研制［J］.材料科学与工程,2002,20(4):572-575.

［53］李国富.高温岩层巷道主动降温支护结构技术研究［D］.太原:太原理工大学,2010.

［54］李国富,夏永怀,李珠.深井巷道隔热降温技术的研究与应用［J］.金属矿山,2010(9):152-154.

［55］李亚民.瓦斯发电余热制冷技术在煤矿热害治理中的应用［J］.安徽建筑工业学院学报

（自然科学版），2009,17(3):53-56.

[56] 何满潮，徐敏. HEMS 深井降温系统研发及热害控制对策[J]. 岩石力学与工程学报，2008,27(7):1353-1361.

[57] HE M C. Application of HEMS cooling technology in deep mine heat hazard control[J]. Mining science and technology,2009,19(3):269-275.

[58] 胡汉华，古德生. 矿井移动空调室技术的研究[J]. 煤炭学报，2008,33(3):318-321.

[59] 胡张保，张志伟，金听祥，等. 分离式热管在机房空调系统中应用研究进展[J]. 低温与超导，2015,43(1):64-68,94.

[60] 张朝昌，厉彦忠，苏林，等. 透平膨胀制冷在高温矿井降温中的应用[J]. 西安科技学院学报，2003,23(4):397-399,440.

[61] 胡曙光，王发洲. 轻集料混凝土[M]. 北京：化学工业出版社，2006.

[62] 李路苹. 陶粒轻集料结构混凝土的性能试验及其节能效果分析[D]. 杭州：浙江大学，2015.

[63] 丁庆军，张勇，王发洲，等. 高强轻集料混凝土分层离析控制技术的研究[J]. 武汉大学学报（工学版），2002,35(3):59-62.

[64] 王树和，甄飞，熊小群，等. 高强轻集料混凝土力学性能影响因素研究[J]. 武汉理工大学学报，2007,29(9):104-107.

[65] CUI H Z,LO T Y,MEMON S A,et al. Effect of lightweight aggregates on the mechanical properties and brittleness of lightweight aggregate concrete[J]. Construction and building materials,2012,35:149-158.

[66] 谭克锋. 轻集料及高性能轻集料混凝土的性能研究[J]. 同济大学学报（自然科学版），2006,34(4):472-475.

[67] 张宝生，孔丽娟，袁杰，等. 轻骨料预湿程度对混合骨料混凝土力学性能的影响[J]. 混凝土，2006(10):24-26.

[68] LO T Y,CUI H Z,LI Z G. Influence of aggregate pre-wetting and fly ash on mechanical properties of lightweight concrete[J]. Waste management,2004,24(4):333-338.

[69] 陈伟，钱觉时，刘军，等. 高水灰比轻集料混凝土的制备与基本性能[J]. 建筑材料学报，2014,17(2):298-302,335.

[70] 李北星，张国志，李进辉. 高性能轻集料混凝土的耐久性[J]. 建筑材料学报，2009,12(5):533-538.

[71] 崔宏志，邢锋. 轻骨料混凝土渗透性研究[J]. 混凝土，2009(12):5-7.

[72] 翟红侠，廖绍锋. 高强轻混凝土高强机理分析[J]. 粉煤灰，1999(5):19-21,24.

[73] 刘娟红，宋少民. 粉煤灰和磨细矿渣对高强轻骨料混凝土抗渗及抗冻性能的影响[J]. 硅酸盐学报，2005,33(4):528-532.

[74] 吴芳，谭盐宾，杨长辉，等. 高强轻集料混凝土抗氯离子渗透性能试验研究[J]. 重庆建筑大学学报，2007,29(6):117-120.

[75] 刘巽伯. 粉煤灰陶粒混凝土的收缩和徐变[J]. 粉煤灰，1999(4):8-11.

[76] TANG W C,LO Y,NADEEM A. Mechanical and drying shrinkage properties of structural-

graded polystyrene aggregate concrete[J]. Cement and concrete composites,2008,30(5):403-409.

[77] 高英力,龙杰,刘赫,等.粉煤灰高强轻骨料混凝土早期自收缩及抗裂性试验研究[J].硅酸盐通报,2013,32(6):1151-1156.

[78] KOCKAL N U,OZTURAN T. Optimization of properties of fly ash aggregates for high-strength lightweight concrete production[J]. Materials & design,2011,32(6):3586-3593.

[79] 王发洲,丁庆军,陈友治,等.影响高强轻集料混凝土收缩的若干因素[J].建筑材料学报,2003,6(4):431-435.

[80] 孙海林,叶列平,丁建彤,等.高强轻骨料混凝土收缩和徐变试验[J].清华大学学报(自然科学版),2007,47(6):765-767,780.

[81] 宋培晶,丁建彤,郭玉顺.高强轻骨料混凝土的收缩及其影响因素的研究[J].建筑材料学报,2004,7(2):138-144.

[82] BENTUR A,IGARASHI S I,KOVLER K. Prevention of autogenous shrinkage in high-strength concrete by internal curing using wet lightweight aggregates[J]. Cement and concrete research,2001,31(11):1587-1591.

[83] 吴中伟,廉慧珍.高性能混凝土[M].北京:中国铁道出版社,1999.

[84] VARGAS P,RESTREPO-BAENA O,TOBÓN J I. Microstructural analysis of interfacial transition zone (ITZ) and its impact on the compressive strength of lightweight concretes[J]. Construction and building materials,2017,137:381-389.

[85] LI J J,NIU J G,WAN C J,et al. Investigation on mechanical properties and microstructure of high performance polypropylene fiber reinforced lightweight aggregate concrete[J]. Construction and building materials,2016,118:27-35.

[86] 孙道胜,李洋,张高展.轻集料混凝土界面区形成与作用机理研究进展[J].硅酸盐通报,2016,35(1):185-191.

[87] LEE K M,PARK J H. A numerical model for elastic modulus of concrete considering interfacial transition zone[J]. Cement and concrete research,2008,38(3):396-402.

[88] DEMIE S,NURUDDIN M F,SHAFIQ N. Effects of micro-structure characteristics of interfacial transition zone on the compressive strength of self-compacting geopolymer concrete[J]. Construction and building materials,2013,41:91-98.

[89] 黄士元,蒋家奋,杨南如,等.近代混凝土技术[M].西安:陕西科学技术出版社,1998.

[90] 王发洲.高性能轻集料混凝土研究与应用[D].武汉:武汉理工大学,2003.

[91] 杨婷婷.基于集料功能设计的水泥石界面性能研究[D].武汉:武汉理工大学,2010.

[92] BENTZ D P. Influence of internal curing using lightweight aggregates on interfacial transition zone percolation and chloride ingress in mortars[J]. Cement and concrete composites,2009,31(5):285-289.

[93] LO T Y,TANG W C,CUI H Z. The effects of aggregate properties on lightweight concrete[J]. Building and environment,2007,42(8):3025-3029.

[94] 董淑慧,张宝生,葛勇,等.轻骨料-水泥石界面区微观结构特征[J].建筑材料学报,

2009,12(6):737-741.

[95] 胡曙光,王发洲,丁庆军.轻集料与水泥石的界面结构[J].硅酸盐学报,2005,33(6):713-717.[知网]

[96] LO T Y,CUI H Z. Spectrum analysis of the interfacial zone of lightweight aggregate concrete[J]. Materials letters,2004,58(25):3089-3095.

[97] 刘荣进,向玮衡,陈平,等.聚合物类混凝土内养护材料研究进展[J].混凝土,2014(9):82-85.

[98] 董淑慧.内部湿度对陶粒混凝土界面区结构与收缩影响的研究[D].哈尔滨:哈尔滨工业大学,2010.

[99] 郑秀华.陶粒吸返水特性及其对轻骨料混凝土结构与性能的影响[D].哈尔滨:哈尔滨工业大学,2005.

[100] 刘荣进.有机-无机复合混凝土内养护材料设计、合成与性能研究[D].武汉:武汉理工大学,2013.

[101] 陈佩圆.微胶囊对高性能、多功能混凝土性能的影响研究[D].合肥:中国科学技术大学,2017.

[102] 龚建清,孙凯强.不同水胶比对玻化微珠保温砂浆性能的影响[J].湖南大学学报(自然科学版),2017,44(1):143-149.

[103] 朱江,李国忠.聚丙烯纤维玻化微珠复合保温材料的性能[J].建筑材料学报,2015,18(4):658-662,703.

[104] 吴文杰,余以明.基于单因素分析玻化微珠保温砂浆的配合比研究[J].材料导报,2014,28(24):385-390.

[105] 张泽平,樊丽军,李珠,等.玻化微珠保温混凝土初探[J].混凝土,2007(11):46-48.

[106] 张泽平,董彦莉,李珠.玻化微珠保温混凝土试验研究[J].新型建筑材料,2007(11):73-75.

[107] 张泽平,董彦莉,李珠.玻化微珠保温混凝土正交试验研究[J].混凝土与水泥制品,2007(6):55-57.

[108] ZHAO L,WANG W,LI Z,et al. An experimental study to evaluate the effects of adding glazed hollow beads on the mechanical properties and thermal conductivity of concrete[J]. Materials research innovations,2015,19(S5):929-935.

[109] 刘元珍,郑晓红,李珠,等.玻化微珠承重保温混凝土抗冻性能试验研究[J].施工技术,2013,42(9):83-85,105.

[110] 袁波,李珠,赵林.玻化微珠保温砂浆 A 级防火性能探析[J].新型建筑材料,2011(5):53-55.

[111] 柴丽娟,李珠,刘元珍,等.冷却方式和温度对玻化微珠保温混凝土微观形貌的影响研究[J].太原理工大学学报,2015,46(4):419-423.

[112] ZHANG Y,MA G,WANG Z F,et al. Shear behavior of reinforced glazed hollow bead insulation concrete beams[J]. Construction and building materials,2018,174:81-95.

[113] XIONG H R,XU J M,LIU Y Z,et al. Experimental study on hygrothermal deformation of

external thermal insulation cladding systems with glazed hollow bead[J]. Advances inmaterials science and engineering,2016:3025213.

[114] WANG W J,ZHAO L,LIU Y Z,et al. Mechanical properties and stress-strain relationship in axial compression for concrete with added glazed hollow beads and construction waste [J]. Construction and building materials,2014,71:425-434.

[115] 赵林. 玻化微珠保温混凝土的关键问题研究及工程示范[D]. 太原:太原理工大学,2015.

[116] 李珠,张泽平,刘元珍,等. 建筑节能的重要性及一项新技术[J]. 工程力学,2006,23(增刊Ⅱ):141-149.

[117] MA G,ZHANG Y,LI Z. Influencing factors on the interface microhardness of lightweight aggregate concrete consisting of glazed hollow bead[J]. Advances inmaterials science and engineering,2015:153609.

[118] 方萍,吴懿,龚光彩. 膨胀玻化微珠的显微结构及其吸湿性能研究[J]. 材料导报,2009,23(10):112-114.

[119] 孙亮,李珠,武潮,等. 纳米玻化微珠保温承重混凝土微观解析[J]. 混凝土,2014(5):49-51,56.

[120] AYUB T,SHAFIQ N,NURUDDIN M F. Mechanical properties of high-performance concrete reinforced with basalt fibers[J]. Procedia engineering,2014,77:131-139.

[121] DIAS D P,THAUMATURGO C. Fracture toughness of geopolymeric concretes reinforced with basalt fibers[J]. Cement and concrete composites,2005,27(1):49-54.

[122] JIANG C H,FAN K,WU F,et al. Experimental study on the mechanical properties and microstructure of chopped basalt fibre reinforced concrete[J]. Materials & design,2014,58:187-193.

[123] 吴钊贤,袁海庆,卢哲安,等. 玄武岩纤维混凝土力学性能试验研究[J]. 混凝土,2009(9):67-68.

[124] 王海良,袁磊,宋浩. 短切玄武岩纤维混凝土力学性能试验研究[J]. 建筑结构,2013,43(增刊):562-564.

[125] 陈伟,王钧,张可,等. 玄武岩纤维对混凝土梁抗裂性能的影响[J]. 材料科学与工程学报,2017,35(1):144-148.

[126] 王新忠,李传习,凌锦育,等. 玄武岩纤维混凝土早期裂缝试验研究[J]. 硅酸盐通报,2017,36(11):3860-3866.

[127] 张兰芳,王道峰. 玄武岩纤维掺量对混凝土耐硫酸盐腐蚀性和抗渗性的影响[J]. 硅酸盐通报,2018,37(6):1946-1950.

[128] 鲁兰兰,魏洁,毕巧巍. 早龄期玄武岩纤维混凝土的盐腐蚀性能[J]. 大连交通大学学报,2017,38(3):88-91.

[129] 王钧,郭大鹏,马跃. 玄武岩纤维混凝土与钢筋粘结锚固性能试验与分析[J]. 建筑科学与工程学报,2015,32(1):81-88.

[130] MONTAÑO-LEYVA B,GHIZZI D DA SILVA G,GASTALDI E,et al. Biocomposites

from wheat proteins and fibers:structure/mechanical properties relationships[J]. Industrial crops and products,2013,43:545-555.

[131] NAIK D L, KIRAN R. Naïve Bayes classifier,multivariate linear regression and experimental testing for classification and characterization of wheat straw based on mechanical properties[J]. Industrial crops and products,2018,112:434-448.

[132] FAROOQI M U,ALI M. Contribution of plant fibers in improving the behavior and capacity of reinforced concrete for structural applications[J]. Construction and building materials,2018,182:94-107.

[133] BOUASKER M,BELAYACHI N, HOXHA D, et al. Physical characterization of natural straw fibers as aggregates for construction materials applications[J]. Materials,2014,7(4):3034-3048.

[134] QUDOOS A,ULLAH Z,et al. Performance evaluation of the fiber-reinforced cement composites blended with wheat straw ash[J]. Advances inmaterials science and engineering,2019:1835764.

[135] 王继博,张凯峰,张涛,等.麦秸秆在水泥基复合材料中的应用研究[J].材料导报,2018,32:466-468,474.

[136] 高宇甲,贾新聪,霍继炜,等.秸秆-玻化微珠复合防火保温砂浆性能研究及微观分析[J].建筑结构,2019,49(S2):644-648.

[137] 魏丽,柴寿喜,蔡宏洲,等.麦秸秆的筋土摩擦性能及加筋作用[J].土木建筑与环境工程,2018,40(6):53-59.

[138] 卢浩,晏长根,杨晓华,等.麦秸秆加筋黄土的抗侵蚀性试验[J].长安大学学报(自然科学版),2017,37(1):24-32.

[139] 马砺,雷昌奎,王凯,等.高地温环境对煤自燃危险性影响试验研究[J].煤炭科学技术,2016,44(1):144-148,156,

[140] 刘曦.淮南潘集地区地热资源开发利用与环境意义研究[D].淮南:安徽理工大学,2011.

[141] 吴海权,杨则东,疏浅,等.安徽省地热资源分布特征及开发利用建议[J].地质学刊,2016,40(1):171-177.

[142] 王华玉,刘绍文,雷晓.华南下扬子区现今地温场特征[J].煤炭学报,2013,38(5):896-900.

[143] 陈常兴,刘佳,叶树刚.地温测量方法研究与应用:以淮南矿区为例[J].煤炭科学技术,2020,48(5):157-163.

[144] 谭静强,琚宜文,侯泉林,等.淮北煤田宿临矿区现今地温场分布特征及其影响因素[J].地球物理学报,2009,52(3):732-739.

[145] 吴基文,徐胜平,彭涛,等.两淮矿区地温地质特征及其工程应用评价[M].徐州:中国矿业大学出版社,2014.

[146] 吴基文,王广涛,翟晓荣,等.淮南矿区地热地质特征与地热资源评价[J].煤炭学报,2019,44(8):2566-2578.

[147] 任自强,彭涛,沈书豪,等.淮南煤田现今地温场特征[J].高校地质学报,2015,21(1):

147-154.

[148] 彭涛,任自强,吴基文,等.潘集矿区深部现今地温场特征及其构造控制[J].高校地质学报,2017,23(1):157-164.

[149] 苏永荣,张启国.淮南煤田潘谢矿区地温状况初步分析[J].安徽地质,2000,10(2):124-129.

[150] 彭涛,樊敏,吴佩,等.淮南朱集井田现今地温场特征及其影响因素分析[J].西安科技大学学报,2016,36(2):243-248.

[151] 范雪峰.丁集煤矿地温梯度变化特征及影响因素研究[D].淮南:安徽理工大学,2015.

[152] 张伟,蔡铁刚,王瑞君.新安煤田中深部地温场特征及其影响因素[J].地质与勘探,2020,56(4):802-808.

[153] 彭涛,孙建锋,刘凯祥,等.淮南煤田现今地温场特征及热储分析[J].安徽理工大学学报(自然科学版),2018,38(2):16-21.

[154] 彭涛,吴基文,任自强,等.两淮煤田大地热流分布及其构造控制[J].地球物理学报,2015,58(7):2391-2401.

[155] 彭涛,吴基文,任自强,等.淮北煤田现今地温场特征及大地热流分布[J].地球科学,2015,40(6):1083-1092.

[156] 谭静强,琚宜文,张文永,等.淮北宿临矿区现今地温场的构造控制[J].煤炭学报,2009,34(4):449-454.

[157] 孙占学,张文,胡宝群,等.沁水盆地大地热流与地温场特征[J].地球物理学报,2006,49(1):130-134.

[158] 杨德源,杨天鸿.矿井热环境及其控制[M].北京:冶金工业出版社,2009.

[159] 袁亮.淮南矿区矿井降温研究与实践[J].采矿与安全工程学报,2007,24(3):298-301.

[160] 杨丁丁.朱集矿热害特征及其控制效果研究[D].淮南:安徽理工大学,2013.

[161] 王康.丁集矿地温分布规律及其异常带成因研究[D].淮南:安徽理工大学,2015.

[162] 张群.潘三矿热害调查及风温预测研究[D].淮南:安徽理工大学,2015.

[163] 任自强.潘集矿区深部地温地质特征及地热资源评价[D].淮南:安徽理工大学,2016.

[164] 汪海洋.顾桥煤矿地温分布及异常带研究[D].淮南:安徽理工大学,2016.

[165] 郭艳.宿县矿区地温场分布特征及其控制因素研究[D].淮南:安徽理工大学,2013.

[166] 张剑.涡阳矿区南部地温分布及影响因素分析[D].淮南:安徽理工大学,2015.

[167] 易欣,王振平,宋先明,等.矿井季节性热害治理技术探讨[J].工业安全与环保,2015,41(8):63-66.

[168] 章熙民,任泽霈,梅飞鸣.传热学[M].5版.北京:中国建筑工业出版社,2007.

[169] 王立成,常泽,鲍玖文.基于多相复合材料的混凝土导热系数预测模型[J].水利学报,2017,48(7):765-772.

[170] 肖建庄,宋志文,张枫.混凝土导热系数试验与分析[J].建筑材料学报,2010,13(1):17-21.

[171] BARY B. Estimation of poromechanical and thermal conductivity properties of unsaturated isotropically microcracked cement pastes [J]. International journal for numerical and

analytical methods in geomechanics,2011,35(14):1560-1586.

[172] ZHANG W P,MIN H G,GU X L,et al. Mesoscale model for thermal conductivity of concrete[J]. Construction and building materials,2015,98:8-16.

[173] 张伟平,童菲,邢益善,等. 混凝土导热系数的试验研究与预测模型[J]. 建筑材料学报,2015,18(2):183-189.

[174] 张伟平,邢益善,顾祥林. 基于细观复合材料的混凝土导热系数模型[J]. 结构工程师,2012,28(2):39-45.

[175] KHAN M. I. Factors affecting the thermal properties of concrete and applicability of its prediction models[J]. Building and environment,2002,37(6):607-614.

[176] TAN X J,CHEN W Z,YANG D S,et al. Study on the influence of airflow on the temperature of the surrounding rock in a cold region tunnel and its application to insulation layer design[J]. Applied thermal engineering,2014,67(1-2):320-334.

[177] 高建良,杨明. 巷道围岩温度分布及调热圈半径的影响因素分析[J]. 中国安全科学学报,2005,15(2):73-76.

[178] 周小涵,曾艳华,范磊,等. 寒区隧道温度场的时空演化规律及温控措施研究[J]. 中国铁道科学,2016,37(3):46-52.

[179] 宋东平,周西华,白刚,等. 高温矿井主动隔热巷道围岩温度场分布规律研究[J]. 煤炭科学技术,2017,45(12):107-113.

[180] 李思,孙克国,仇文革,等. 寒区隧道温度场的围岩热学参数影响及敏感性分析[J]. 土木工程学报,2017,50(增1):117-122.

[181] 高焱,王敏,陈辉,等. 祁连山隧道洞内空气及围岩温度场分析[J]. 科学技术与工程,2018,18(19):120-126.

[182] 周西华,宋东平. 高温矿井主动隔热巷道风流温度变化规律[J]. 辽宁工程技术大学学报(自然科学版),2018,37(4):680-685.

[183] 庞建勇,姚韦靖. 深井煤矿高温巷道新型隔热材料试验研究[J]. 矿业研究与开发,2016,36(2):76-80.

[184] 姚韦靖,庞建勇. 新型隔热混凝土喷层支护技术研究与应用[J]. 长江科学院院报,2017,34(1):124-128.

[185] 徐胜平,彭涛,吴基文,等. 两淮煤田煤系岩石热导率特征及其对地温场的影响[J]. 煤田地质与勘探,2014,42(6):76-81.

[186] 张朝晖. ANSYS热分析教程与实例解析[M]. 北京:中国铁道出版社,2007.

[187] 张国智,胡仁喜,陈继刚,等. ANSYS10.0热力学有限元分析实例指导教程[M]. 北京:机械工业出版社,2007.

[188] 李围. ANSYS土木工程应用实例[M]. 2版. 北京:中国水利水电出版社,2007.

[189] 付建新,宋卫东,谭玉叶. 岩体力学参数对巷道变形特性的影响程度分析[J]. 浙江大学学报(工学版),2017,51(12):2365-2372,2382.

[190] 黄书岭,冯夏庭,张传庆,等. 岩体力学参数的敏感性综合评价分析方法研究[J]. 岩石力学与工程学报,2008,27(增1):2624-2630.

[191] 顾天舒,谢连玉,陈革. 建筑节能与墙体保温[J]. 工程力学,2006,23(增刊Ⅱ):

167-184.

[192] 张泽平,李珠,董彦莉.建筑保温节能墙体的发展现状与展望[J].工程力学,2007,24(增刊Ⅱ):121-128.

[193] 胡验君,苏振国,杨金龙.建筑外墙外保温材料的研究与应用[J].材料导报,2012,26:290-294.

[194] YAO W J,PANG J Y,LIU Y S. Performance degradation and microscopic analysis of lightweight aggregate concrete after exposure to high temperature[J]. Materials,2020,13(7):1566.

[195] LIU Y S,PANG J Y,YAO W J. Effects of high temperature on creep behaviour of glazed hollow bead insulation concrete[J]. Materials,2020,13(17):3658.

[196] 姚韦靖,庞建勇.玻化微珠保温混凝土高温后性能劣化及微观结构[J].复合材料学报,2019,36(12):2932-2941.

[197] 刘雨姗,庞建勇,姚韦靖.页岩陶粒轻骨料混凝土高温后蠕变特性[J].建筑材料学报,2021,24(5):1096-1104.

[198] 姚韦靖,庞建勇,刘雨姗.轻骨料混凝土抗碳化性能及微结构分析[J].长江科学院院报,2021,38(4):138-143.

[199] ALUN THOMAS.喷射混凝土衬砌隧道[M].北京:科学出版社,2014.

[200] 关宝树.矿山法隧道关键技术[M].北京:人民交通出版社,2016.

[201] 关宝树.隧道及地下工程喷混凝土支护技术[M].北京:人民交通出版社,2009.

[202] 姚韦靖,庞建勇,韩晓静.超细粉煤灰混凝土长期力学性能试验研究[J].科学技术与工程,2016,16(28):282-287.

[203] 姚韦靖,庞建勇.超细粉煤灰与粉煤灰混凝土力学性能对比试验研究[J].混凝土与水泥制品,2015(12):10-13.

[204] CHOI P,YUN K K,YEON J H. Effects of mineral admixtures and steel fiber on rheology,strength,and chloride ion penetration resistance characteristics of wet-mix shotcrete mixtures containing crushed aggregates[J]. Construction and building materials,2017,142:376-384.

[205] XIAO J Z,LI W G,SUN Z H,et al. Properties of interfacial transition zones in recycled aggregate concrete tested by nanoindentation[J]. Cement and concrete composites,2013,37:276-292.

[206] LI W G,XIAO J Z,SUN Z H,et al. Interfacial transition zones in recycled aggregate concrete with different mixing approaches[J]. Construction and building materials,2012,35:1045-1055.

[207] 祁景玉,肖淑敏,高燕萍,等.混合型粗集料轻混凝土的微观结构(Ⅰ)[J].同济大学学报(自然科学版),2001,29(8):946-953.

[208] 祁景玉,高燕萍,邝静哲,巴恒静.混合型粗集料轻混凝土的微观结构(Ⅱ)[J].同济大学学报(自然科学版),2001,29(10):1185-1189.

[209] ZHANG M H,GJØRV O E. Penetration of cement paste into lightweight aggregate[J]. Cement and concrete research,1992,22(1):47-55.

[210] ZHANG M H, GJØRV O E. Microstructure of the interfacial zone between lightweight aggregate and cement paste[J]. Cement and concrete research,1990,20 (4):610-618.

[211] KE Y, ORTOLA S, BEAUCOUR A L, et al. Identification of microstructural characteristics in lightweight aggregate concretes bymicromechanical modelling including the interfacial transition zone (ITZ)[J]. Cement and concrete research, 2010,40(11):1590-1600.

[212] ZHANG L H, ZHANG Y S, LIU C B, et al. Study on microstructure and bond strength of interfacial transition zone between cement paste and high-performance lightweight aggregates prepared from ferrochromium slag[J]. Construction and building materials,2017,142:31-41.

[213] 姚韦靖,庞建勇.矿井高温巷道喷射隔热混凝土正交试验研究[J].非金属矿,2017,40 (5):48-52.

[214] 何为,薛卫东,唐斌.优化试验设计方法及数据分析[M].北京:化学工业出版 社,2012.

[215] 庞建勇,姚韦靖,王凌燕.采空区超细粉煤灰注浆充填材料正交试验及回归分析[J]. 长江科学院院报,2018,35(9):103-108.

[216] 王立峰,翟惠云.纳米硅水泥土抗压强度的正交试验和多元线性回归分析[J].岩土工 程学报,2010,32(S1):452-457.

[217] 王迎超,尚岳全,孙红月,等.基于功效系数法的岩爆烈度分级预测研究[J].岩土力 学,2010,31(2):529-534.

[218] 杨振兴,王浩,周建军,等.功效系数法在 TBM 选型定量化决策中的应用[J].地下空 间与工程学报,2018,14(3):799-804.

[219] 姚嵘,张玉波,王凯,等.粉煤灰对深井煤矿巷道隔热材料性能的影响[J].煤炭转化, 2002,25(3):89-91.

[220] 周顺鄂,卢忠远,严云.泡沫混凝土导热系数模型研究[J].材料导报,2009,25(6): 69-73.

[221] ZADEH V Z,BOBKO C P. Nanomechanical characteristics of lightweight aggregate concrete containing supplementary cementitious materials exposed to elevated temperature[J]. Construction and building materials,2014,51:198-206.

[222] PINILLA MELO J,MEDINA N F,SEPULCRE AGUILAR A,et al. Rheological and thermal properties of aerated sprayed mortar[J]. Construction and building materials,2017,154:275-283.

[223] SEPULCRE AGUILAR A, PINILLA MELO J, HERNÁNDEZ OLIVARES F. Microstructural analysis of aerated cement pastes with fly ash, Metakaolin and Sepiolite additions[J]. Construction and building materials,2013,47:282-292.

[224] CHEN G X,WANG K. Mechanical and thermal properties of glass fibre-reinforced ceramsite-foamed concrete[J]. Indoor and built environment,2018,27(7):890-897.

[225] ZHANG Y, MA G, LIU Y Z, et al. Flexural performance of glazed hollow bead

reinforced concrete beams[J]. Journal of reinforced plastics and composites,2015,34 (20):1698-1712.

[226] JIAO Z Z,WANG Y,ZHENG W Z,et al. Effect of the activator on the performance of alkali-activated slag mortars with pottery sand as fine aggregate[J]. Construction and building materials,2019,197:83-90.

[227] MA G, YAN L B, SHEN W K, et al. Effects of water, alkali solution and temperature ageing on water absorption,morphology and mechanical properties of natural FRP composites:plant-based jute vs. mineral-based basalt[J]. Composites Part B:engineering,2018,153:398-412.

[228] ZHANG S P,LI Y,ZHENG Z Y. Effect of physiochemical structure on energy absorption properties of plant fibers reinforced composites:Dielectric, thermal insulation,and sound absorption properties[J]. Composites communications,2018, 10:163-167.

[229] MIN L,SHOU X C,HU Y Z,et al. Feasibility of saline soil reinforced with treated wheat straw and lime[J]. Soils and foundations,2012,52(2):228-238.

[230] 周平,王志杰,杨跃,等.玄武岩纤维喷射混凝土在热害环境下的性能试验研究[J].土木建筑与环境工程,2016,38(1):69-76.

[231] 李为民,许金余.玄武岩纤维对混凝土的增强和增韧效应[J].硅酸盐学报,2008,36 (4):476-481,486.

[232] 苏强,王桦,黄金坤,等.棉花秸秆纤维混凝土力学性能正交试验[J].中国科技论文, 2020,15(12):1405-1409.

[233] TASI HUI-YIN, HUANG BAO-HUEY, WANG AN-SIOU. Combining AHP and GRA model for evaluation property-liability insurance companies to rank[J]. Journal of grey system,2008,20(1):65-78.

[234] 莫奕新,庞建勇,黄金坤.基于灰色关联度的隔热混凝土性能研究[J].科技通报, 2018,34(2):111-116.

[235] 曹明霞.灰色关联分析模型及其应用的研究[D].南京:南京航空航天大学,2007.

[236] 邹楠,庞洪昌,朱行坤,等.Al(OH)$_3$@AlPO$_4$多级结构复合阻燃剂及其阻燃 PE 的性能[J].工程塑料应用,2018,46(4):118-122.

[237] 朱黎霞,岳涛,高世扬,等.Mg(OH)$_2$・2MgSO$_4$・2H$_2$O 晶体的水热生长过程[J].物理化学学报,2003,19(3):212-215.

[238] 郭兰波,庞建勇.钢筋网壳支架及网壳锚喷支护方法:CN1163660C[P].2004-08-25.

[239] 庞建勇.软弱围岩隧道新型半刚性网壳衬砌结构研究及应用[M].徐州:中国矿业大学出版社,2014.

[240] 张金松,庞建勇,杜晓丽.3 维钢筋支架锚喷支护结构试验研究及工程应用[J].四川大学学报(工程科学版),2014,46(6):107-113.

[241] 庞建勇,间沛.软岩巷道聚丙烯混凝土钢筋网壳复合衬砌试验及工程应用研究[J].岩土力学,2010,31(12):3829-3834.

[242] 庞建勇,郭兰波.半刚性网壳锚喷支护及其在跨采巷道中的应用[J].土木工程学报,

2005,38(3):8-11.

[243] 庞建勇,郭兰波. 软岩巷道网壳喷层新技术[J]. 中国矿业大学学报,2003,32(5):508-512.

[244] YAO W J,PANG J Y,ZHANG J S,et al. Key technique study of stability control of surrounding rock in deep chamber with large cross-section:a case study of the zhangji coal mine in China[J]. Geotechnical and geological engineering,2021,39(1):299-316.

[245] YAO W J,PANG J Y. Semi-rigid net technology support by anchor and shotcrete in soft rock roadways[J]. Electronic journal of geotechnical engineering,2016,21(21):5357-5375.

[246] 庞建勇,姚韦靖. 软岩巷道局部弱支护机理与合理支护形式研究[J]. 采矿与安全工程学报,2017,34(4):754-759.

[247] 庞建勇,姚韦靖. 全封闭网壳支护技术在潘三矿深部软岩巷道修复中的应用[J]. 建井技术,2015,36(6):1-4.

[248] 庞建勇,姚韦靖,薛俊华. 矿山隔热三维钢筋混凝土衬砌:CN105401963A[P]. 2016-03-16.

[249] 淮南矿业(集团)公司朱集东煤矿. 东翼8煤顶板回风大巷掘进作业规程[R]. 淮南:[出版者不详],2017.

[250] 姚韦靖,邓昕,邓永文,等. 一种用于测定隧道收敛的激光位移计固定装置:CN207935717U[P]. 2018-10-02.

[251] 庞建勇,徐道富. 聚丙烯纤维混凝土喷层支护技术及其在顾桥矿区的应用[J]. 岩石力学与工程学报,2007,26(5):1073-1077.

[252] 陈建勋,罗彦斌. 寒冷地区隧道温度场的变化规律[J]. 交通运输工程学报,2008,8(2):44-48.

[253] 张德华,王梦恕,任少强. 青藏铁路多年冻土隧道围岩季节活动层温度及响应的试验研究[J]. 岩石力学与工程学报,2007,26(3):614-619.

[254] 韩斌,王贤来,文有道. 不良岩体巷道的湿喷混凝土支护技术[J]. 中南大学学报(自然科学版),2010,41(6):2381-2385.

附　表

附表 A　朱集东矿钻孔测温数据汇总及分析

孔号	终孔深度/m	松散层		地温梯度/(℃/hm)		主采煤层底板温度/℃								水平温度/℃			31℃	37℃
		深度/m	温度/℃	G全	G基	13-1煤层		11-2煤层		8煤层		4-1煤层		-906 m	-1070 m	-1200 m	标高/m	标高/m
						标高/m	底板温度/℃	标高/m	底板温度/℃	标高/m	底板温度/℃	标高/m	底板温度/℃					
2-4	1 316.66	204.96	20.5	2.2	2.5	-823.18	48.09	-891.53	50.72	-979.57	54.13	-1 054.09	57.02	37.8	42.3	44.5	—	-534.00
3-3	1 192.56	232.20	18.0	2.7	2.7	-876.87	38.48	-933.76	40.68	-1 028.83	44.36	-1 098.39	47.08	35.4	39.9	—	-622.62	-838.83
3-5	1 269.17	215.20	22.1	2.0	2.2	-820.16	42.82	-892.88	44.90	-985.13	47.54	-1 055.49	49.56	37.7	41.7	43.6	-405.00	-615.00
4-2	1 237.20	205.40	19.7	2.4	2.5	-830.26	47.72	-899.06	49.97	-990.65	52.96	-1 063.96	55.36	39.1	43.9	46.4	—	-500.00
5-2	1 206.90	203.20	21.4	2.2	2.5	-883.65	38.31	-955.43	40.82	-1 049.91	44.15	-1 124.04	46.72	38.6	43.0	45.2	-622.37	-845.88
5-3	1 227.63	255.85	22.7	2.7	3.2	-826.87	35.12	-895.47	37.45	-986.49	40.54	-1 052.36	42.78	39.5	44.4	47.7	-664.90	-882.18
5-6	1 097.18	221.60	24.3	2.5	2.9	-819.89	40.20	-890.51	42.80	-978.50	46.10	-1 056.90	48.98	40.4	—	—	-576.08	-735.79
6-1	1 182.25	227.35	15.8	1.8	2.3	-839.38	41.75	-915.12	43.82	-1 007.04	46.49	-1 073.47	48.60	29.5	32.5	—	-481.00	-682.00
6-4	1 211.58	258.95	20.9	2.7	3.2	-877.16	38.83	-944.07	40.86	-1 033.70	43.56	-1 102.37	45.64	38.3	44.8	—	-602.20	-816.28

续表

孔号	终孔深度/m	松散层 深度/m	松散层 温度/℃	地温梯度/(℃/hm) G全	地温梯度/(℃/hm) G基	主采煤层底板温度/℃ 13-1煤层 标高/m	13-1煤层 底板温度/℃	11-2煤层 标高/m	11-2煤层 底板温度/℃	8煤层 标高/m	8煤层 底板温度/℃	4-1煤层 标高/m	4-1煤层 底板温度/℃	水平温度/℃ -906 m	水平温度/℃ -1070 m	水平温度/℃ -1200 m	31℃ 标高/m	37℃ 标高/m
6-8	1 192.58	261.00	20.2	2.6	2.8	-888.10	40.22	-956.27	42.07	-1 039.55	44.73	-1 109.15	46.62	38.8	43.5	—	-513.00	-729.00
7-2	1 155.60	262.65	24.0	2.6	2.7	-837.73	41.45	-904.35	43.35	-989.92	45.67	-1 057.48	47.61	43.1	47.0	47.7	-513.00	-728.00
7-4	1 208.67	284.55	23.3	3.1	3.0	-827.41	40.32	-884.56	42.20	-975.89	44.61	-1 044.85	46.51	40.7	46.3	49.5	-507.00	-720.00
7-6	1 150.09	283.25	20.8	2.8	3.0	-863.98	40.09	-945.70	41.70	-1 020.60	44.28	-1 081.72	46.23	36.7	41.7	—	-506.00	-718.00
7-7	1 202.08	240.00	21.3	2.3	3.2	-948.57	39.21	-1020.75	41.33	-1 116.76	43.28	-1 175.91	44.87	37.9	43.3	48.2	-548.00	-779.00
7-9	1 212.17	165.45	22.1	2.5	2.3	-821.82	42.83	-887.48	44.82	-974.50	47.46	-1 043.96	49.09	36.9	41.4	—	-519.00	-737.00
8+1	1 193.33	243.58	21.9	2.2	2.9	-883.78	44.07	-949.69	45.73	-1 043.52	48.42	-1 114.86	49.85	39.5	43.8	56.6	-393.00	-618.00
8-2	1 247.50	254.02	26.8	3.6	3.2	-857.29	43.64	-924.75	45.92	-1 018.26	48.79	-1 089.28	51.71	47.5	53.8	—	-484.00	-661.00
8-4	1 201.62	264.82	22.0	2.8	3.0	-889.96	46.45	-957.30	48.29	-1 054.62	50.87	-1 129.79	52.73	39.3	43.9	45.2	-281.00	-518.00
8-5	1 222.21	256.80	22.7	2.4	2.7	-866.70	38.38	-911.57	40.19	-995.74	43.23	-1 066.93	46.18	37.7	41.7	44.8	-606.00	-818.00
8-6	1 178.50	272.43	20.5	2.1	3.1	-888.65	45.96	-961.71	48.30	-1 048.09	51.21	-1 123.64	53.59	38.2	43.2	—	-486.00	-648.00
9+1	1 200.14	267.80	25.7	2.3	2.8	-895.28	46.83	-968.42	48.73	-1 060.93	51.23	-1 097.18	53.64	37.6	41.9	—	-352.00	-558.00
9-1	1 132.76	206.67	22.0	1.7	2.3	-863.89	44.18	-932.77	46.45	-1 016.58	48.96	-1 091.82	51.16	37.8	41.8	44.0	-459.00	-644.00
9-2	1 220.55	249.95	22.2	1.8	2.4	-867.12	37.93	-940.85	39.86	-1 029.58	42.17	-1 104.35	44.32	37.7	41.8	44.1	-613.00	-833.00
9-3	967.27	265.76	22.3	2.5	3.4	-825.67	39.43	-937.99	42.60	-1 018.00	44.81	-1 095.29	47.12	41.9	—	—	-495.00	-730.00
10+1	1 202.88	269.50	24.0	2.1	2.7	-917.41	36.82	-986.70	38.94	-1 079.40	41.77	-1 143.60	43.73	39.0	43.1	46.3	-727.00	-923.00
10-1	1 190.86	236.33	23.8	2.2	2.4	-885.48	44.28	-945.62	46.16	-1 041.18	49.15	-1 113.13	51.40	37.7	41.5	—	-459.00	-651.00
10-3	1 186.75	254.18	24.4	2.2	2.6	-836.65	42.60	-894.29	44.40	-986.35	47.28	-1 059.07	49.55	40.3	45.4	—	-464.00	-657.00
10-5	1 201.66	275.50	24.1	3.5	3.8	-827.12	30.20	-890.42	31.60	-975.73	33.50	-1 049.57	35.14	48.0	53.4	—	-863.00	-1134.00
11-1	1 190.35	248.97	15.8	2.3	2.2	-870.83	41.49	-939.32	43.45	-1 033.28	46.14	-1 101.28	48.08	28.6	32.5	—	-503.00	-714.00

续表

孔号	终孔深度/m	松散层 深度/m	松散层 温度/℃	地温梯度 G全 /(℃/hm)	地温梯度 G基 /(℃/hm)	13-1煤层 标高/m	13-1煤层 底板温度/℃	11-2煤层 标高/m	11-2煤层 底板温度/℃	8煤层 标高/m	8煤层 底板温度/℃	4-1煤层 标高/m	4-1煤层 底板温度/℃	水平温度 −906 m	水平温度 −1070 m	水平温度 −1200 m	31℃ 标高/m	37℃ 标高/m
11-2	1 181.88	291.85	29.7	3.4	3.5	−873.79	41.87	−942.82	43.72	−1 028.92	46.04	−1 102.10	48.00	50.8	55.9	—	−465.00	−692.00
11-7	1 217.00	274.79	21.7	2.2	3.1	−865.21	41.63	−929.99	43.52	−1 021.47	46.20	−1 088.37	48.16	37.6	42.2	47.1	−499.00	−706.00
12-1	1 192.13	253.85	25.4	3.3	2.9	−866.46	47.62	−935.03	49.90	−1 035.57	53.24	−1 103.93	55.53	43.3	47.6	—	—	−490.00
12-3	1 201.58	281.25	28.4	3.1	3.3	−819.89	40.20	−890.51	42.80	−978.50	46.10	−1 054.90	48.98	50.1	54.3	—	−576.08	−735.79
12-5	1 167.30	293.66	21.7	2.1	2.9	−833.22	38.46	−902.77	40.37	—	—	−1 072.46	45.06	37.3	41.4	—	−561.00	−780.00
12-6	1 185.58	268.40	22.6	3.0	2.6	−871.16	42.23	−944.11	45.97	−1 032.46	49.28	−1 106.71	52.06	35.2	38.2	—	−532.00	−705.00
13-2-1	1 092.01	282.69	23.7	2.0	3.2	−895.91	40.22	−966.61	42.10	−1 076.12	45.01	−1 142.96	46.79	40.8	—	—	−545.00	−774.00
14-1	1 193.18	277.48	22.5	2.7	2.8	−868.38	44.81	−939.70	47.31	−1 023.20	50.23	−1 102.16	53.00	40.0	44.5	—	−472.00	−645.00
14-4	1 206.88	328.65	23.8	2.9	3.5	−867.47	43.31	−925.12	45.08	−1 013.72	47.81	−1 084.73	50.00	42.2	48.4	51.5	−467.00	−612.00
14-5	1 167.16	310.58	26.4	2.5	3.1	−848.52	37.78	−915.00	39.13	−995.50	40.78	−1 072.67	42.35	46.2	50.9	—	−515.00	−809.00
15-1	1 232.11	309.30	26.1	2.3	2.4	−848.15	40.00	−915.25	42.10	−1 010.31	45.06	−1 076.47	47.13	40.0	43.8	45.5	−558.00	−752.00
15-5	1 176.60	337.30	25.9	2.9	3.5	−838.30	35.35	−910.33	38.00	−995.22	41.00	−1 067.34	43.65	46.1	52.4	—	−714.00	−882.00
15-6	1 245.69	355.95	28.5	3.2	3.1	−853.34	38.80	−924.54	41.00	−1 002.14	43.41	−1 083.54	45.94	46.4	51.2	53.9	−597.00	−795.00
15+1	1 122.12	323.70	21.6	3.3	3.3	−861.04	43.02	−940.04	45.37	−1 020.69	47.77	−1 091.54	49.88	39.7	46.2	—	−456.00	−658.00
16-1	1 214.29	315.65	23.9	2.6	3.0	−868.88	39.83	−950.53	42.28	−1 023.83	44.47	—	—	41.5	46.0	48.0	−574.00	−774.00
16-3	1 217.99	328.70	23.4	2.9	3.6	−835.94	33.07	−905.39	34.59	−1 000.24	36.66	−1 063.79	38.16	40.4	45.7	48.0	−741.00	−1 015.00
16-4	1 227.17	338.40	25.5	3.0	3.5	−876.77	37.46	−944.63	40.02	−1 042.95	43.72	−1 155.60	46.33	45.0	50.1	53.7	−654.47	−864.09
16-5	1 231.18	339.74	21.7	3.1	2.8	−841.22	37.56	−910.26	40.45	−999.38	44.22	−1 059.60	47.22	38.5	43.1	45.4	−613.24	−828.00
17-4	1 205.18	310.25	24.3	2.5	3.2	−857.52	39.80	−924.22	41.88	−1 019.52	44.85	−1 088.77	47.01	39.9	44.5	—	−574.00	−767.00
17+1	1 143.01	327.35	23.2	2.3	3.0	−843.91	36.50	−910.64	39.16	−1 006.01	42.98	−1 073.86	45.68	41.2	46.1	—	−649.49	−856.51

续表

孔号	终孔深度/m	松散层 深度/m	松散层 温度/℃	地温梯度/(℃/hm) $G_全$	地温梯度/(℃/hm) $G_基$	13-1煤层 标高/m	13-1煤层 底板温度/℃	11-2煤层 标高/m	11-2煤层 底板温度/℃	8煤层 标高/m	8煤层 底板温度/℃	4-1煤层 标高/m	4-1煤层 底板温度/℃	水平温度/℃ −906 m	水平温度/℃ −1070 m	水平温度/℃ −1200 m	31℃ 标高/m	37℃ 标高/m
18−1	1 212.61	346.25	25.4	1.9	2.2	−844.67	37.54	−916.45	39.27	−1003.38	41.38	—	—	35.9	39.1	41.5	−572.00	−821.00
18−3	1 201.80	299.80	20.5	2.7	3.3	−838.67	36.88	−902.01	38.31	−1001.45	40.72	−1 062.02	42.30	38.7	43.7	—	−577.00	−843.00
20−1	1 204.89	362.95	16.7	3.6	3.8	−852.16	43.21	−917.51	45.21	—	45.21	−1 083.31	47.06	37.3	43.4	47.6	−454.00	−647.00
20−3	1 126.50	348.80	23.8	2.6	2.9	−854.23	37.84	−913.92	40.40	−1 003.98	44.32	—	—	38.0	42.7	—	−624.71	−834.83
20−4	1 220.16	304.71	18.8	3.3	3.1	−849.31	38.22	−918.45	40.09	−1 013.55	42.68	−1 074.97	44.35	36.3	41.7	45.5	−570.00	−803.00
21−2	1 133.00	382.30	26.3	2.9	3.2	−857.60	46.41	−916.49	48.77	−1 007.81	52.44	−1 082.93	55.46	42.0	46.8	—	−471.00	−622.00
21−3	1 060.00	380.60	23.3	2.7	3.2	−860.14	38.43	−929.63	40.73	−999.34	43.03	−1 078.17	45.74	38.2	42.3	—	−592.62	−817.26
23−1	1 250.92	262.90	18.4	2.3	2.3	−828.32	28.80	−898.27	30.49	−988.87	32.67	−1 060.47	34.40	32.7	36.9	39.5	−919.00	—

注:13-1煤层、11-2煤层、8煤层、4-1煤层为主采煤层。

附表B　丁集矿钻孔测温数据汇总及分析

孔号	终孔深度/m	松散层 深度/m	松散层 温度/℃	松散层 地温梯度 $G_松$/(℃/hm)	地温梯度 $G_全$/(℃/hm)	13煤层 标高/m	13煤层 底板温度/℃	13煤层 地温梯度/(℃/hm)	11煤层 标高/m	11煤层 底板温度/℃	11煤层 地温梯度/(℃/hm)	31℃标高/m	37℃标高/m
847	900.00	516.83	33.07	2.98	3.58	628.26	37.06	3.46	724.60	40.51	3.54	436.00	569.98
849	723.44	570.30	33.35	2.60	2.71	—	—	—	—	—	—	456.64	635.51
8414	819.76	516.83	33.17	2.49	2.86	—	—	—	—	—	—	440.00	597.96
二十1	1 000.01	489.05	31.62	2.20	2.53	698.58	37.58	2.85	787.71	39.82	2.66	481.59	676.00
二十4	843.70	485.20	32.63	2.71	3.00	—	—	—	631.54	37.20	2.98	420.00	582.25
二十8	826.23	494.40	30.95	2.73	2.90	805.30	39.81	3.10	—	—	—	485.12	665.70
二十10	897.23	487.30	30.77	2.24	2.68	787.33	39.63	3.33	—	—	—	439.40	623.32
二十13	1 050.68	450.40	31.09	3.16	2.81	1 035.65	46.10	2.56	—	—	—	451.40	669.87
二十八4	1 016.80	535.60	33.26	2.78	2.62	903.25	41.87	2.37	990.20	43.90	2.35	453.55	672.30
二十八7	885.56	549.00	31.74	2.79	2.85	862.54	41.09	3.29	—	—	—	503.33	703.33
二十八8	1 014.00	513.20	32.22	3.49	3.18	902.60	41.97	2.50	983.65	45.18	3.43	485.88	671.95
二十八10	1 000.78	453.37	28.89	2.44	3.30	—	—	—	—	—	—	493.63	696.40
二十八11	852.99	530.50	32.29	2.80	3.00	801.11	40.04	2.91	880.23	43.71	3.67	507.17	667.51
二十二11	794.50	507.90	31.22	2.63	2.92	767.14	39.56	3.43	—	—	—	471.87	633.99
二十九2	945.42	548.20	35.61	1.82	2.40	915.20	45.02	3.16	—	—	—	419.52	591.03
二十六1	877.42	516.05	31.93	2.71	2.75	—	—	—	—	—	—	538.56	708.29
二十六5	988.96	548.30	34.28	2.70	2.81	720.60	38.41	2.33	870.55	42.03	2.70	429.65	633.49
二十七9	886.60	537.00	30.93	2.60	2.85	749.15	36.97	3.00	—	—	—	501.50	700.70

续表

孔号	终孔深度/m	松散层深度/m	松散层温度/℃	地温梯度 $G_{松}$/(℃/hm)	地温梯度 $G_{全}$/(℃/hm)	13煤层 标高/m	13煤层 底板温度/℃	13煤层 地温梯度/(℃/hm)	11煤层 标高/m	11煤层 底板温度/℃	11煤层 地温梯度/(℃/hm)	31℃标高/m	37℃标高/m
二十七11	955.81	539.95	33.80	1.83	2.59	782.20	39.96	2.62	854.83	42.42	3.13	451.70	636.36
二十七12	962.04	478.00	31.40	2.62	2.67	945.65	43.88	2.93	—	—	—	460.00	672.09
二十三6	975.28	492.20	35.37	2.11	2.66	706.78	41.27	3.09	793.64	44.48	3.73	429.75	587.31
二十三9	850.20	493.60	31.27	2.89	2.85	837.42	40.48	3.26	—	—	—	473.41	660.77
二十四5	988.80	508.90	32.98	2.41	2.79	768.82	39.25	2.94	873.45	41.91	2.67	516.58	685.56
二十五7	857.41	504.10	32.21	1.89	2.38	830.75	40.73	2.91	—	—	—	493.93	679.05
二十五13	1 036.49	432.48	28.42	2.78	2.94	1 025.13	44.73	3.47	—	—	—	557.23	741.43
二十一6	820.04	487.70	32.03	2.47	2.63	797.37	39.96	2.80	—	—	—	—	—
三十5	923.30	524.90	27.12	1.45	1.95	—	—	—	—	—	—	—	902.72
十八8	861.92	447.90	32.13	1.93	2.26	790.87	39.10	1.90	—	—	—	486.82	679.84
十八20	980.74	391.25	27.56	2.42	2.78	—	—	—	—	—	—	546.92	736.44
十六4	774.30	425.30	31.52	2.24	2.95	—	—	—	614.92	37.72	3.50	412.31	546.40
十六6	786.28	437.55	32.50	2.76	3.06	—	—	—	598.49	37.62	3.66	420.24	583.36
十六8	900.18	452.60	33.08	2.93	2.61	723.64	38.19	2.01	818.79	40.45	2.24	451.00	629.00
十六10	895.81	447.05	29.20	2.62	2.74	687.01	35.51	2.91	791.85	38.30	3.09	515.73	723.67
水12	807.95	480.30	35.51	3.29	3.44	—	—	—	—	—	—	371.17	534.29
十六1	956.37	435.85	39.73	5.10	2.84	—	—	—	—	—	—	549.17	725.49
十六12	888.13	438.05	31.05	2.20	2.71	—	—	—	—	—	—	—	—
十七6	586.14	449.00	34.42	3.06	3.07	—	—	—	—	—	—	—	—

附表C　丁集矿新生界松散层钻孔测温数据汇总

孔号	起深/m	止深/m	起温/℃	止温/℃	地温梯度/(℃/hm)	孔号	起深/m	止深/m	起温/℃	止温/℃	地温梯度/(℃/hm)
847	20.00	508.30	18.50	33.07	2.98	二十七12	20.00	478.60	19.40	31.40	2.62
849	20.00	570.30	18.90	33.35	2.60	二十三6	20.00	492.20	25.00	35.37	2.11
8414	20.00	516.83	20.80	33.17	2.49	二十三9	20.00	493.60	17.00	31.27	2.89
二十1	20.00	489.05	21.30	31.62	2.20	二十四5	20.00	508.90	20.70	32.98	2.41
二十4	20.00	485.20	20.00	32.63	2.71	二十五7	20.00	504.10	22.70	32.21	1.89
二十8	20.00	494.40	18.00	30.95	2.73	二十五13	20.00	432.48	16.40	28.42	2.78
二十10	20.00	487.30	20.30	30.77	2.24	二十一6	20.00	487.70	20.00	32.03	2.47
二十13	20.00	450.40	17.50	31.09	3.16	三十5	20.00	524.90	19.50	27.12	1.45
二十八4	20.00	535.60	18.90	33.26	2.78	十八8	20.00	447.90	23.50	32.13	1.93
二十八7	20.00	549.00	17.00	31.74	2.79	十八20	20.00	591.25	18.10	27.56	2.42
二十八8	20.00	513.20	15.00	32.22	3.49	十六4	20.00	425.30	22.00	31.52	2.24
二十八10	20.00	453.37	18.30	28.89	2.44	十六6	20.00	437.55	20.40	32.50	2.76
二十八11	20.00	530.50	18.00	32.29	2.80	十六8	20.00	452.60	19.80	33.08	2.93
二十二11	20.00	507.90	18.40	31.22	2.63	十六10	20.00	447.05	17.50	29.20	2.62
二十九2	20.00	548.20	26.00	35.61	1.82	水12	20.00	480.30	19.70	35.51	3.29
二十六1	20.00	516.05	18.50	31.93	2.71	十六1	20.00	435.85	17.50	39.73	5.10
二十六5	20.00	548.30	20.00	34.28	2.70	十六12	20.00	438.05	21.40	31.05	2.20
二十七9	20.00	537.00	17.50	30.93	2.60	十七6	20.00	449.00	20.70	34.42	3.06
二十七11	20.00	539.95	24.30	33.80	1.83	二十七11	608.48	831.10	35.39	41.47	2.73
847	20.00	508.30	18.50	33.07	2.98						

续表

孔号	起深/m	止深/m	起温/℃	止温/℃	地温梯度/(℃/hm)	孔号	起深/m	止深/m	起温/℃	止温/℃	地温梯度/(℃/hm)
849	570.30	723.44	33.35	37.94	3.00	二十七12	478.00	962.04	31.40	44.57	2.72
8414	516.83	575.00	33.17	34.54	2.34	二十三6	512.20	773.50	35.37	43.97	3.29
二十1	489.05	762.45	31.62	39.27	2.80	二十三9	513.60	850.20	31.27	40.69	2.80
二十4	485.20	610.10	32.63	36.32	2.96	二十四5	528.90	857.00	32.98	41.49	2.60
二十8	498.10	826.23	31.05	41.42	3.16	二十五7	524.10	857.41	32.21	42.64	3.13
二十10	487.30	897.23	30.77	43.83	3.19	二十五13	595.00	1036.49	32.25	46.29	3.18
二十13	523.50	1050.68	32.89	46.44	2.57	二十一6	507.70	820.04	32.03	41.04	2.88
二十八4	535.60	959.00	33.26	43.25	2.36	三十5	544.90	923.30	27.12	37.07	2.63
二十八7	549.00	885.56	31.74	41.69	2.96	十八8	567.90	861.92	32.13	42.49	2.63
二十八8	513.20	950.00	32.22	43.58	2.60	十八20	542.98	980.74	30.88	44.85	3.19
二十八10	453.37	956.76	28.89	41.67	3.10	十六4	445.30	589.35	31.52	37.06	3.85
二十八11	605.60	852.99	34.36	42.98	3.49	十六6	457.55	572.75	32.50	36.60	3.56
二十三11	507.90	794.50	31.22	41.03	3.42	十六8	472.60	793.99	33.08	39.74	2.07
二十九2	643.00	945.42	37.05	48.25	3.70	十六10	467.05	783.70	29.20	38.09	2.81
二十六1	582.75	659.35	33.57	35.48	2.50	水12	500.30	555.00	35.51	37.10	2.90
二十六5	560.60	832.50	34.81	41.09	2.31	十六1	455.85	956.37	39.73	44.08	0.87
二十七9	537.00	886.60	30.93	42.16	3.21	十六12	458.05	888.13	31.05	44.90	3.22
847	691.45	832.83	39.30	45.72	4.54	二十八8	950.00	1014.00	43.58	46.57	4.68
8414	575.00	748.25	34.54	40.97	3.72	二十八10	852.99	1000.78	42.98	50.63	5.18
二十1	762.45	939.55	39.27	44.59	3.00	二十六1	659.35	806.90	35.48	40.46	3.37
二十4	610.10	756.30	36.32	41.99	3.88	二十六5	832.50	988.96	41.09	47.25	3.94
二十八4	959.00	1016.80	43.25	45.00	3.02	二十七11	831.10	955.81	41.47	48.54	5.67

续表

孔号	起深/m	止深/m	起温/℃	止温/℃	地温梯度/(℃/hm)	孔号	起深/m	止深/m	起温/℃	止温/℃	地温梯度/(℃/hm)
二十三6	773.50	912.90	43.97	49.48	3.95	8414	748.25	819.76	40.97	43.69	3.80
二十四5	857.00	988.80	41.49	47.73	4.73	二十1	939.55	1 001.06	44.59	46.13	2.50
十六4	589.35	703.40	37.06	41.45	3.84	二十4	756.30	843.70	41.99	44.67	3.07
十六6	572.75	786.28	36.60	43.81	3.38	二十六1	806.90	877.42	40.46	42.04	2.25
十六8	793.99	900.18	39.74	42.81	2.89	二十三6	912.90	975.28	49.48	50.38	1.45
十六10	783.70	871.28	38.09	40.45	2.69	十六4	703.40	774.30	41.45	44.27	3.99
水12	555.00	709.45	37.10	42.82	3.71	十六10	871.28	895.81	40.45	41.53	4.41
十七6	469.00	586.14	34.42	38.09	3.13	水12	709.45	307.95	42.82	46.83	4.07
847	832.83	900.00	45.72	50.00	6.37